“一带一路”绿色发展国际联盟

专题政策研究报告

“一带一路”项目绿色发展指南（二期）：

企业及金融机构应用手册

[挪威] 埃里克 · 索尔海姆（Erik Solheim） 周国梅 李永红
[德国] 王珂礼（Christoph Nedopil） 王 烨 著

赵翰夫 译

中国环境出版集团 · 北京

图书在版编目（CIP）数据

“一带一路”项目绿色发展指南. 二期：企业及金融机构应用手册：汉文、英文/（挪威）埃里克·索尔海姆（Erik Solheim）等著；赵翰夫译. —北京：中国环境出版集团，2022.11

ISBN 978-7-5111-5337-1

Ⅰ. ①一… Ⅱ. ①埃…②赵…Ⅲ. ①“一带一路”—生态环境保护—国际环境合作—指南—汉、英②“一带一路”—关系—企业环境管理—汉、英③“一带一路”—关系—金融机构—环保投资—汉、英 Ⅳ. ①X171.1-62

中国版本图书馆 CIP 数据核字（2022）第 172657 号

出 版 人 武德凯
责任编辑 赵 艳
封面设计 岳 帅

出版发行 中国环境出版集团
（100062 北京市东城区广渠门内大街 16 号）
网　　址：http://www.cesp.com.cn
电子邮箱：bjgl@cesp.com.cn
联系电话：010-67112765（编辑管理部）
　　　　　010-67162011（第四分社）
发行热线：010-67125803，010-67113405（传真）

印　　刷 北京建宏印刷有限公司
经　　销 各地新华书店
版　　次 2022 年 11 月第 1 版
印　　次 2022 年 11 月第 1 次印刷
开　　本 787×1092 1/16
印　　张 11.5
字　　数 243 千字
定　　价 68.00 元

研究团队*

“一带一路”绿色发展国际联盟

一、咨询顾问

（一）外方

1. 韩佩东　“一带一路”绿色发展国际联盟咨询委员会主任委员、儿童投资基金会首席执行官
2. 桑　顿　“一带一路”绿色发展国际联盟咨询委员会委员、克莱恩斯欧洲环保协会首席执行官
3. 阿　尼　世界资源研究所全球总裁兼首席执行官
4. 巴布纳　自然资源保护协会总裁兼首席执行官
5. 达　尔　巴基斯坦哈比银行社会与环境政策部负责人
6. 布莱切　伊尔姆环境资源管理咨询公司合伙人

（二）中方

1. 叶燕斐　中国银行保险监督管理委员会政策研究局一级巡视员
2. 马　骏　“一带一路”绿色发展国际联盟咨询委员会委员、中国金融学会绿色金融专业委员会主任、北京绿色金融与可持续发展研究院院长
3. 朱旭峰　清华大学公共管理学院教授、执行院长，清华大学全球可持续发展研究院执行院长
4. 殷　红　中国工商银行现代金融研究院副院长
5. 赵　坤　国家发展和改革委员会“一带一路”建设促进中心政策研究处处长

* 研究团队的成员和顾问以其个人身份参加研究工作，职务为报告完成（2021 年 10 月）时所担任的职务。报告中表达的观点不代表其所在单位及“一带一路”绿色发展国际联盟观点。

二、项目组长

1. 索尔海姆　“一带一路”绿色发展国际联盟咨询委员会主任委员、世界资源研究所高级顾问

2. 周国梅　生态环境部国际合作司司长

三、研究团队

（一）中方

1. 李永红　生态环境部对外合作与交流中心副主任
2. 蓝　艳　“一带一路”绿色发展国际联盟秘书处副处长
3. 朱　源　“一带一路”绿色发展国际联盟秘书处副主任专家
4. 于晓龙　“一带一路”绿色发展国际联盟秘书处高级项目主管
5. 李盼文　“一带一路”绿色发展国际联盟秘书处高级项目主管

（二）外方

1. 王　烨　世界资源研究所金融中心研究员、中国可持续投资部研究员
2. 王珂礼　复旦大学泛海国际金融学院绿色金融与发展中心主任
3. 谢文泓　气候债券倡议组织中国区经理
4. 龙　迪　克莱恩斯欧洲环保协会中国办公室首席代表
5. 刘　爽　世界资源研究所高级研究员、中国金融项目主任

四、支持机构

1. 生态环境部对外合作与交流中心
2. 世界资源研究所
3. 克莱恩斯欧洲环保协会
4. 儿童投资基金会
5. 世界自然基金会

Research Team*

BRI International Green Development Coalition (BRIGC)

I. Advisors

International Advisors

Kate HAMPTON	Convener of the BRIGC Advisory Committee, Chief Executive Officer (CEO) of Children's Investment Fund Foundation (CIFF)
James THORNTON	Advisor of the BRIGC Advisory Committee, CEO of ClientEarth
Ani DASGUPTA	President and CEO of World Resources Institute (WRI)
Manish BAPNA	President and CEO of Natural Resources Defense Council (NRDC)
Qasim Wasim DAR	Head of Social and Environmental Policy, Investment Banking, Habib Bank Limited (HBL)
Henri de BRANCHE	Partner, ERM

Chinese Advisors

YE Yanfei	Counsel (DG Level), Policy Research Bureau, China Banking and Insurance Regulatory Commission (CBIRC)
MA Jun	Advisor of the BRIGC Advisory Committee, Chairman of Green Finance Committee (GFC) of China Society of Finance and Banking, President of Beijing Institute of Finance and Sustainability
ZHU Xufeng	Professor & Executive Dean, School of Public Policy and Management; Executive Director, Institute for Sustainable Development Goals (TUSDG), Tsinghua University
YIN Hong	Deputy Director-General, Modern Finance Research Center, Industrial and Commercial Bank of China (ICBC)

* The authors and advisors of this policy study serve in their personal capacities. The views and opinions expressed in this report are those of the individual experts participating in the research and do not represent those of their organizations and the BRI International Green Development Coalition, personal title as of October, 2021.

ZHAO Kun	Director, Policy Research Division, Belt and Road Center, National Development and Reform Commission (NDSC)

II. Project Leaders

Erik SOLHEIM	Convener of the BRIGC Advisory Committee, Senior Advisor of World Resources Institute
ZHOU Guomei	Director-General, Department of International Cooperation, Ministry of Ecology and Environment (MEE)

III. Research Team Members

International Members

WANG Ye	Associate, Finance Center and Sustainable Investment Program, World Resources Institute (WRI)
Christoph NEDOPIL	Director, Green Finance & Development Center, Fanhai International School of Finance, Fudan University
XIE Wenhong	China Program Director, Climate Bonds Initiative (CBI)
Dimitri De BOER	Chief Representative, China Office, ClientEarth
LIU Shuang	Senior Associate and China Finance Lead, World Resources Institute (WRI)

Chinese Members

LI Yonghong	Deputy Director-General, Foreign Environmental Cooperation Center (FECO), Ministry of Ecology and Environment (MEE)
LAN Yan	Deputy Director, BRIGC Secretariat, Ministry of Ecology and Environment (MEE)
ZHU Yuan	Associate Director Specialist, BRIGC Secretariat, Ministry of Ecology and Environment (MEE)
YU Xiaolong	Senior Programme Manager, BRIGC Secretariat, Ministry of Ecology and Environment (MEE)
LI Panwen	Senior Programme Manager, BRIGC Secretariat, Ministry of Ecology and Environment (MEE)

IV. Support Organizations

Foreign Environmental Cooperation Center (FECO), Ministry of Ecology and Environment (MEE)

World Resources Institute (WRI)

ClientEarth

Children's Investment Fund Foundation (CIFF)

World Wide Fund For Nature (WWF)

目录
Contents

图目录

表目录

List of Figures

List of Tables

Part 1
中文部分

"一带一路"项目绿色发展指南二期：企业及金融机构应用手册

Green Development Guidance for BRI Projects Phase II:
Application Guide for Enterprises and Financial Institutions

专有名词及对应缩写索引

缩写	名称
ADB	亚洲开发银行
AFD	法国开发署
AfDB	非洲开发银行
AIIB	亚洲基础设施投资银行
BOD	生化需氧量
BRI	“一带一路”倡议
BRIGC	“一带一路”绿色发展国际联盟
CBD	生物多样性公约
CBI	气候债券倡议组织
COD	化学需氧量
CSR	企业社会责任
EIA	环境影响评价
EIB	欧洲投资银行
EMP	环境管理方案
EP	赤道原则
ESG	环境、社会和治理
ESIA	环境和社会影响评估
ESMS	环境和社会管理体系
ESRM	环境和社会风险管理
GHG	温室气体
GIP	“一带一路”绿色投资原则
GRI	全球报告倡议组织
GRM	申诉回应机制
IFC	国际金融公司
PM	颗粒物
PRI	负责任投资原则

SPV	特殊目的公司
TCFD	气候相关财务信息披露工作组
TNFD	自然相关财务信息披露工作组
UNDP	联合国开发计划署
UNFCCC	联合国气候变化框架公约
UNGC	联合国全球契约
WHO	世界卫生组织
WRI	世界资源研究所
WWF	世界自然基金会

注：为避免歧义，对更改过名称的机构、政府部门等，除特殊标注外，文中一律以现用名指代。

执行摘要

“一带一路”倡议为广大发展中国家摆脱传统高碳发展模式，加速绿色转型带来了新的机遇。中国致力于与共建“一带一路”国家一道，通过建设以绿色为底色的“一带一路”，推进经济活动与《生物多样性公约》《巴黎协定》以及其他生态环境相关国际环境政策保持一致，以应对气候变化风险、保护生物多样性、减少环境污染，同时支持联合国可持续发展目标（SDGs）的实现。

建设绿色“一带一路”的目标已被广泛传播，也被纳入多项政策与国际合作规划。这些政策与行动强调实现“一带一路”绿色发展，一方面要减少高碳不可持续项目的投资，增加绿色投资，另一方面要加强气候和生态环境标准的完善和落实。

打造绿色“一带一路”的关键落脚点是基础设施、制造业等建设项目。一些项目存在重大的环境和气候影响，金融机构和参与项目的企业需要在投资决策和对项目的持续管理过程中充分关注项目的气候和生态环境影响，降低投资风险。

为了支持这一目标的实现，“一带一路”绿色发展国际联盟（简称绿色联盟）于 2019 年 12 月启动了“一带一路”项目绿色发展指南研究（简称《绿色发展指南》）。基于国际和中国的优秀实践，绿色联盟于 2020 年发布《“一带一路”项目绿色发展指南基线研究报告》，提出了引导和加速“一带一路”项目绿色转型、应对环境相关投资挑战的“1 套项目分级分类体系”和“9 条建议”（简称“1+9”建议，见图 0-1）。

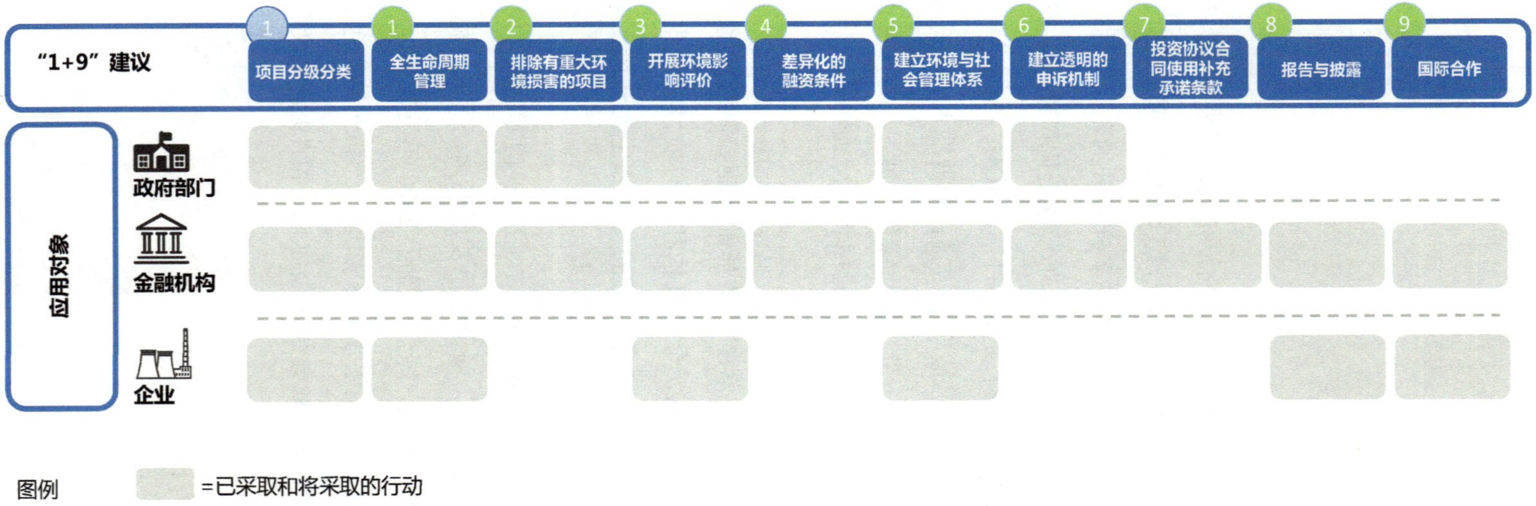

图 0-1 《绿色发展指南》“1+9”建议与相关方应用情况

资料来源：作者绘制

为落实《绿色发展指南》中的建议，本报告以应用手册的形式，为参与“一带一路”建设的关键利益相关方提供实操性指导。报告特别针对参与“一带一路”项目的企业、金融机构和项目投资国、东道国的相关政策制定者和监管者，提出了应用《绿色发展指南》“1+9”建议的行动路线，并为各利益相关方提供了一套通用的环境管理体系和绿色解决方案，形成了《“一带一路”项目绿色发展指南二期：企业及金融机构应用手册》（简称《应用手册》）。

企业是参与“一带一路”项目投资和建设的主体。《应用手册》旨在帮助企业在气候、环境和生物多样性等方面识别、评估、管理和改善环境绩效。通过帮助企业完成对其项目环境影响的自我评估，并制定改善环境绩效和提高环境管理水平的行动方案，《应用手册》支持企业更好地与政策制定者、监管机构、金融机构、东道国和其他利益相关方沟通，在“一带一路”项目投资和建设过程中减缓环境影响，并围绕碳中和、生物多样性保护和企业社会责任等议题参与全球治理，做出实质性贡献。这包括：

- **引导企业根据项目的环境贡献和影响对其进行分级分类。**在项目开发阶段尽早通过《应用手册》提供的调查问卷和工具，对项目开展自评估，按鼓励合作类（“绿灯”）、一般影响类（“黄灯”）、重点监管类（“红灯”）进行分类，并根据所实施的环境管理措施，将项目再次分为“红转绿”或“红转黄”等转换类别，以便为气候和生态环境绩效好的项目争取更优惠的融资条件。
- **鼓励企业建立项目生命周期标准化管理体系。**企业应建立环境和社会管理体系（ESMS），以便及时调整项目管理流程，特别是对环境影响较大的“红灯”项目和“红转绿”或“红转黄”等“转换类”项目进行常规的主动管理，从而充分认识和识别环境影响，设定基准并建立预警系统，在风险出现和危及商业运营之前就加以缓解。企业可在第三方顾问或具有环境管理经验的金融机构支持下建立 ESMS。
- **帮助企业改善信息披露和报告制度，以及与利益相关方的沟通。**《应用手册》支持企业衡量和报告项目以及投资组合层面的“绿色”程度，识别绿色转型的机遇，并有助于企业编写和发布环境、社会和治理（ESG）报告。同时完善申诉回应机制建设，强化外部监督对企业自身行为的约束作用。

- **支持企业向可持续发展转型、降低未来环境影响。**企业通过《应用手册》可以了解金融机构和政府在促进“一带一路”项目绿色发展过程中的政策与行动以及与企业投资活动息息相关的政策措施，及时调整投资策略，提高盈利能力，应对未来政策和利益相关方要求变化带来的影响，尤其是针对“红灯”项目等对环境影响相对较大的行业和项目。

《应用手册》的执行，需要企业各个相关部门充分了解各自职责，并具备相应能力。一些“一带一路”项目工程量较大且周期长，因此《绿色发展指南》“1+9”建议的有效执行需要依靠成体系的、固定的内部机构和人员设置，使绿色发展成为企业内在能力的一部分。这也要求将企业环境和社会管理体系（ESMS）深度整合到核心管理系统和企业战略中（图 0-2）。

金融机构拥有大规模、快速调动资金投入“一带一路”建设的能力，在实现项目绿色发展转型方面有重要的引导作用。《应用手册》为参与“一带一路”建设的金融机构提供了一套绿色投资的系统行动方案，帮助金融机构降低与环境相关的金融风险，加快投资组合的绿色化转型，监督并与客户共同承担环境管理的责任，提供与其他国际投资者的合作机会，并在资产交易中提高所持有项目的吸引力。

《应用手册》通过制定详细的路线图，帮助金融机构将“1 套项目分级分类体系”和“9 条建议”嵌入投融资项目的全生命周期管理，从而改善环境绩效，缓解与气候和生态环境相关的影响，在项目实施过程中推动更多利益相关方支持，实现环境气候目标（图 0-3）。路线图涉及的行动包括：

- **金融机构尽可能在项目早期就参与进来**，与项目业主紧密合作，在项目最终投资决策之前，更好地了解项目的潜在环境影响，以便在设计合同和制定报告要求的过程中减少交易成本。这需要金融机构与客户密切沟通，分享金融机构的环境管理要求（例如，是否将某些项目类型列入“排除清单”）以及报告要求等。鉴于金融机构决策将充分参考项目环境尽职调查结果，包括按照《绿色发展指南》项目分级分类体系审核项目的分类（“红灯”“黄灯”和“绿灯”分类等），金融机构需要建立标准和程序，尽早与客户沟通预期，支持分级分类评估和审计。

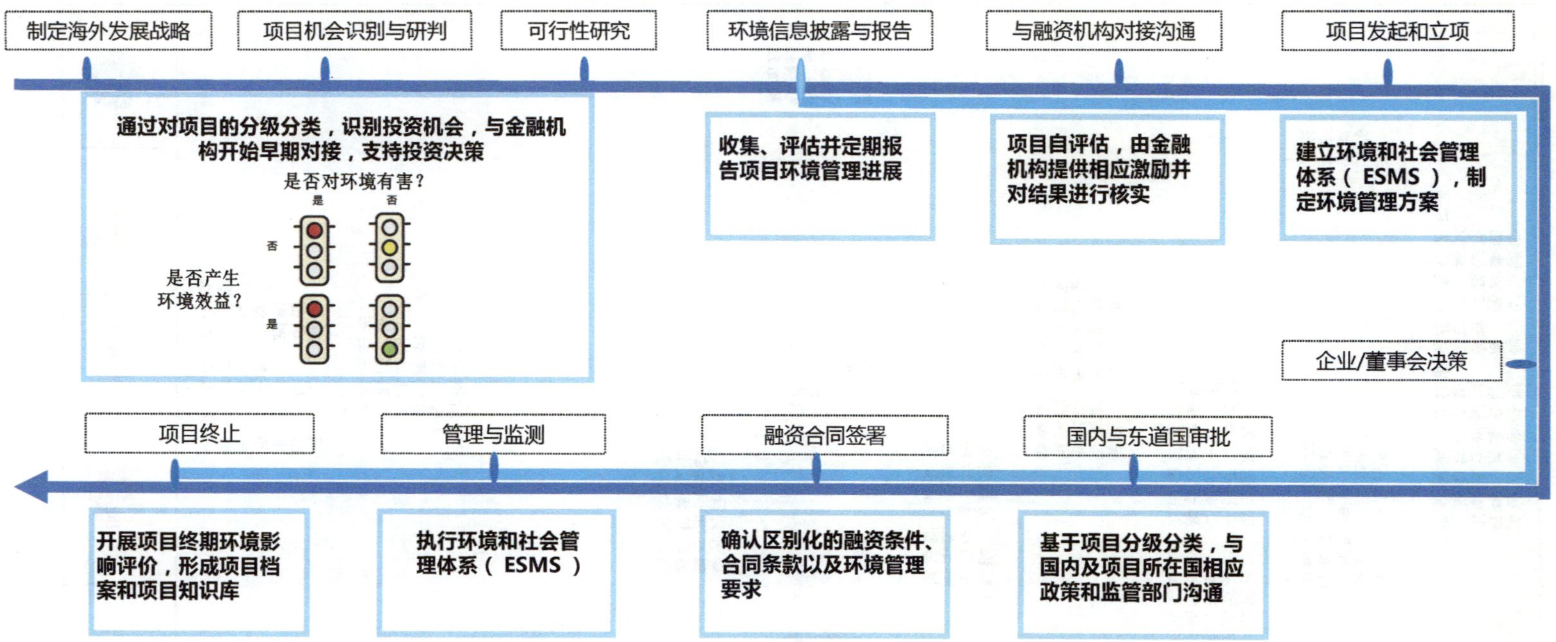

图 0-2 《应用手册》涉及的项目生命周期关键应用环节

资料来源：作者绘制

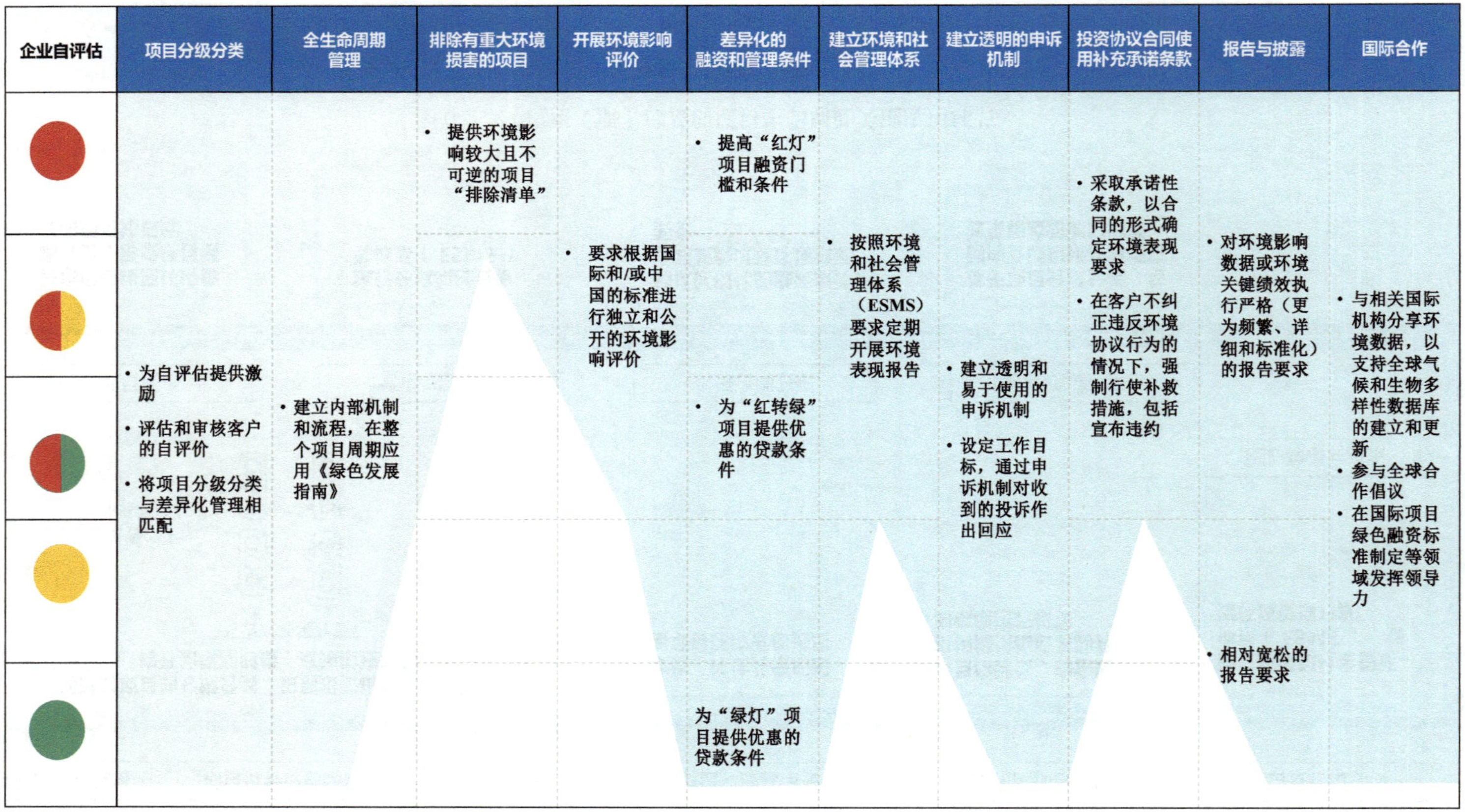

图 0-3　金融机构如何将“1+9”建议嵌入项目全生命周期管理

资料来源：作者绘制

- **金融机构为不同类别的项目采取差异化的融资条件。**建议金融机构根据项目分类制定差异化的融资政策（例如，为“绿灯”项目提供更优惠的融资利率）、环境影响评价要求、环境和社会管理体系要求、包含环境管理相关内容的合同条款，以及报告和披露要求等。其中，“红灯”项目和“红转黄”“红转绿”项目的要求高于其他项目。
- **金融机构从全生命周期管理的角度出发，对项目进行环境监督。**包括建立申诉回应机制，为受影响利益相关方提供向金融机构报告环境问题的直接沟通渠道，作为对项目业主已有申诉机制和金融机构风险预警系统的补充。
- **中国金融机构可以利用其在全球项目融资领域的丰富经验，在绿色标准制定方面发挥积极作用。**《绿色发展指南》在许多现有标准之间进行了协调，并通过整合已在中国国内得到成功应用的标准，推动了新兴市场的项目融资工具创新。基于《应用手册》中细化的项目分级分类、综合环境评估以及各利益相关方统一行动，中国的金融机构可以与政策制定和监管部门一起，在制定和提高全球对外投资项目绿色融资标准方面做出积极贡献。

《应用手册》建议的路线图对金融机构的内部能力和调动外部资源的能力提出更高要求。将“1+9”建议有效嵌入金融机构管理与业务流程，需要决策者、尽职调查/评审、环境和社会管理、风险控制、法律事务、合规以及各个关键业务部门的参与。而在核实项目的企业自评估结果、环境尽职调查和申诉等环节，也需要第三方顾问的支持。

《绿色发展指南》的应用基于自愿原则，但需要建立于各利益相关方在“一带一路”建设中加速“绿灯”项目投资、减少“红灯”项目环境影响的承诺之上。鼓励金融机构和企业将投资重点放在投资组合中的“绿灯”“黄灯”和转换类（如“红转黄”和“红转绿”）项目上，不再新增“红灯”项目，逐步减少已有“红灯”项目，并为此制定有雄心的时间表。

这一目标的实现需要政策的指导和支持，同时，金融机构和企业应用《绿色发展指南》也为“一带一路”项目改善环境绩效提供必要案例和信息，有助于为政策的制定和调整提供指导与支持。

推广应用《绿色发展指南》将为最大限度地实现“一带一路”绿色发展承诺发挥重要作用。

（1）在《绿色发展指南》提供的一套统一的概念和语言体系基础上，发挥政策协同增效作用，加强生态环境部门与金融管理部门、对外投资部门、产业发展部门在推动绿色金融与加强环境管理方面的政策对接，实现：

- 加快“绿灯”项目的审查流程，加强对“红灯”“红转黄”“红转绿”项目的监管，引导退出对气候与生态环境影响大的“红灯”项目的投资与开发，结合国际最佳实践，强化环境影响缓解和管理措施。
- 在政策制定者之间建立充分的环境和投资信息共享机制，持续进行投融资环境绩效监测。
- 跨部门协作，特别是在对“红灯”项目进行改造升级的过程中，调动来自相关监管部门的绿色发展专业能力，共同探寻跨部门的绿色解决方案。

（2）围绕项目分级分类体系进一步更新项目分类清单与行业指南，详细说明“红灯”项目升级转换的标准和方法，并确保“绿灯”项目符合分级分类的五项基本原则。

对于共建“一带一路”国家，绿色低碳发展已成为一致共识和现实需求。基于这样的趋势，“一带一路”项目东道国可以：

- 与投资者等利益相关方积极沟通“绿灯”项目需求，在规划与审批时优先考虑绿色项目，并为其提供更为有利的项目投资与开发条件。
- 与投资者的环境影响缓解和管理措施相互促进，进一步提高气候和生态环境标准，引导“一带一路”项目改善环境绩效，并探索能力建设方面的合作。
- 通过充分的信息共享加快《绿色发展指南》的应用，推动形成统一标准和话语体系，降低其国内绿色低碳转型成本，提高国内利益相关方参与度，共同推动“一带一路”项目绿色发展。

1 《绿色发展指南》简介

1.1 研究背景

共建“一带一路”倡议为世界带来了新的发展机遇。“一带一路”的“新”体现在：它将改变传统高碳和牺牲环境的发展范式，坚持以绿色为底色，推进经济活动与《生物多样性公约》《巴黎协定》和其他生态环境相关国际政策保持一致，以应对气候变化、保护生物多样性和减少环境污染，同时支持联合国可持续发展目标（SDGs）的实现。

建设绿色“一带一路”顺应全球绿色低碳转型趋势，契合共建国家发展需求，也被纳入多项政策与国际合作文件。《中华人民共和国国民经济和社会发展第十四个五年规划和 2035 年远景目标纲要》中强调了建设绿色“一带一路”的重要国内和国际意义。2021 年 7 月商务部和生态环境部联合发布的《对外投资合作绿色发展工作指引》，以及 2022 年 1 月生态环境部和商务部联合发布的《对外投资合作建设项目生态环境保护指南》，再次强化境外绿色投资要求，把绿色融入对外投资合作全过程，并鼓励使用更高的环境标准。2022 年 3 月，国家发展改革委、外交部、生态环境部、商务部四部门联合发布《关于推进共建“一带一路”绿色发展的意见》，部署了新时期共建“一带一路”绿色发展的目标、任务和路径。在国际层面，2021 年 6 月，包括中国在内的 29 国在“一带一路”亚太区域国际合作高级别会议期间共同发起了“一带一路”绿色发展伙伴关系倡议。2021 年 9 月，中国国家主席习近平出席第七十六届联合国大会一般性辩论时发表讲话，宣布：“中国将大力支持发展中国家能源绿色低碳发展，不再新建境外煤电项目。”这是中国支持全球应对气候变化工作的又一有力举措。

打造绿色“一带一路”的关键在于基础设施等建设项目，因为这些项目可能存在重大的环境和气候影响。加快“一带一路”绿色发展，一方面需要促进绿色基础设施融资，另一方面要加强生态标准的完善和落实。为了支持这一目标的实现，“一带一路”绿色发展国际联盟于2020年12月发布了《“一带一路”项目绿色发展指南基线研究报告》，提出“1套项目分级分类体系”和“9条建议”的“一带一路”投资绿色发展体系，旨在引导和加速“一带一路”项目绿色转型。

为巩固《绿色发展指南》中的建议，本报告以应用手册的形式，为参与“一带一路”建设的关键利益相关方提供实操性指导。本报告特别针对项目开发商和项目业主/项目公司[①]，以及作为项目贷款人的金融机构。除了提供落实《绿色发展指南》的实践指导，本报告还根据参与“一带一路”建设的企业和金融机构的实践，提出了必要的政策措施和国际合作建议。全球疫后绿色复苏强调政策协同，以促进国家之间的合作和共同增长，在此背景下，本报告的建议显得尤为重要。

1.2 《绿色发展指南》与“1+9”建议

《绿色发展指南》提出的“1+9”建议侧重于减少境外项目融资中的气候和生态环境影响。通过清晰的路径规划，《绿色发展指南》帮助参与境外项目融资的不同利益相关方减少潜在环境风险，降低项目实施成本，加快项目审批，并促进项目在各个阶段的国际交流与合作。金融机构和项目开发方通过应用《绿色发展指南》，可以更好地应对项目所在国气候与生态环境要求和变化趋势，降低投资风险。《绿色发展指南》主要包括以下内容。

1.2.1 一套“一带一路”项目分级分类体系

《绿色发展指南》提出了一套基于环境效益和负面影响的“一带一路”项目分级分类体系，并初步提供了关键行业的项目分类清单。该分级分类方法对标国际标准和最佳实践（如赤道原则要求银行按环境影响将项目分为A、B、C三类），同时充分参考中国已有的实践和目前发展趋势，包括中国银行保险监督管理委员会（简称银保监会）绿色信贷统计制度中鼓励银行根据环境风险对融资项目进行区分等。

分级分类体系基于污染防治、减缓气候变化和生物多样性保护三类主要环境

① 当项目早期完成可行性研究之后，尚未专门成立项目公司时，项目开发商可能会成为项目业主。

目标，根据环境影响将“一带一路”项目分为“3+1”类（图 1-1），其中包括：

（1）**“绿灯”项目，即鼓励合作类项目。**此类项目对污染防治、减缓气候变化和生物多样性保护三类主要环境目标的实现，均不产生重大负面影响，且至少对一个环境维度有积极贡献，尤其是对国际环境协议以及公约执行做出有益贡献，包括可再生能源开发利用（太阳能电厂、风力发电厂等）等项目。

（2）**“黄灯”项目，即一般影响类项目。**这类项目对环境没有重大的负面影响或正面促进作用，其环境危害可以通过项目本身在合理范围内采取经济可行的措施得以有效减轻，包括废弃物垃圾发电、排放标准高于欧四/国四标准的城市货物运输等项目。

（3）**“红灯”项目，即重点监管类项目。**此类项目在污染防治、减缓气候变化和生物多样性保护的一个或多个方面，存在造成“重大、不可逆转”的环境损害或产生重大环境负面影响的潜在风险，包括煤电、石油化工和矿山金属冶炼等项目。

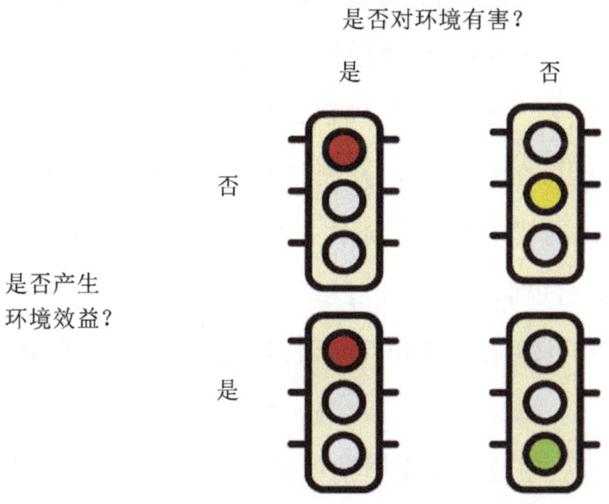

图 1-1 “一带一路”项目分级分类体系

资料来源：作者绘制

分类过程中考虑了项目以下两方面特征，以便项目建设方和投资者充分考虑共建“一带一路”国家不同的环境和气候条件：

- 项目固有特征：即每个特定行业项目相似的、行业所固有的特征。

- 项目实施特征：即项目实施过程中与管理相关的特征，尤其指项目生命周期内可有效避免环境影响的缓解和补偿措施。

（4）分级分类体系还通过设立转换类（“红转黄”或“红转绿”等）项目，鼓励充分考虑项目所在地的实际情况，通过应用环境管理措施缓解或补偿潜在的环境影响，实现项目升级。如项目通过采取足够的环境管理措施，抵消环境负面影响，甚至为环境目标的实现发挥促进作用，则在动态评估后可进行升级转换。

1.2.2 关于加快“一带一路”投资绿色化的 9 条建议

《绿色发展指南》进一步提出了关于加快“一带一路”投资绿色化的 9 条建议，包括：

建议 1：对外投资绿色发展覆盖项目所有阶段，包括启动、评估、融资、建设、运营、报告和转让/退役等。

建议 2：参考国际上监管机构和金融机构的做法，针对有重大、不可逆转的环境影响且无缓解方法的项目制定禁止投资的排除项目清单。

建议 3：“红灯”项目、“红转黄”项目、“红转绿”项目和部分高环境影响的“黄灯”项目应基于国际最佳实践，开展独立的环境影响评价。

建议 4：提供差异化的管理和融资条件，如减少“红转绿”项目和“绿灯”项目的融资成本和审批时间等。

建议 5：要求项目公司建立环境和社会管理系统，以确保缓解措施的实施和报告披露。

建议 6：金融机构可从项目全生命周期管理的角度出发，建立申诉回应机制，为受影响利益相关方提供向金融机构报告环境问题的直接沟通渠道，作为对已有申诉机制的补充。

建议 7：为项目设立保障环境合规的承诺性条款，以便在违规情况发生时及时督促采取补救措施，修正环境管理问题。

建议 8：公开披露和报告项目的环境绩效。

建议 9：加快环境数据分享等相关国际合作。

这些建议与投资项目生命周期中的多类利益相关方有关。

1.3 《应用手册》和适用对象

《应用手册》旨在为“一带一路”项目的主要利益相关方提供更具可操作性的指导。《绿色发展指南》中的项目分级分类体系及9条建议的制定遵循了国际对标和可行性的原则，可以直接对接到操作层面。因此，《应用手册》进一步提出了实施这些建议的具体行动，同时明确了应用这些建议所需的一系列关键利益相关方协作。

《应用手册》主要面向参与“一带一路”境外项目建设与投资的中国企业、金融机构与国际合作伙伴，并适用于所有类型和运营模式的项目和行业。项目开发方和金融机构是“一带一路”绿色基础设施建设的主力，同时也承担着项目生态环境和气候影响引发的潜在风险。《绿色发展指南》相关成果的应用将有助于加速绿色项目融资，减少项目全生命周期的环境影响。

中国和共建“一带一路”国家相关政府部门可以利用《绿色发展指南》，基于企业和金融机构的应用实践，加强对绿色项目的支持，限制对“红灯”项目的支持并加强监管。表1-1对应用《绿色发展指南》的主要利益相关方做了详细阐释。

表1-1　应用《绿色发展指南》的主要利益相关方

主要利益相关方	为什么建议应用《绿色发展指南》	何时应用《绿色发展指南》
项目开发方/企业	1. 规避或者减少项目设计中的环境风险，降低环境影响产生的项目成本 2. 加快项目审批和融资 3. 获得低成本、优惠的融资条件和潜在的国际融资渠道 4. 采用标准化的环境影响评价和风险管理程序，提高项目长期收益，包括在项目投资和转让出售过程中吸引更多的投资者 5. 通过咨询和反馈机制强化与当地利益相关方的沟通，减少与环境有关的社会和声誉风险 6. 通过了解“碳中和”及关键国际生态环境保护进程的发展趋势，为投资战略和决策提供支持	1. 贯穿于项目所有阶段 2. 在项目前期对项目的环境影响进行评估，及时了解风险 3. 尽早制订环境管理计划，减少并积极应对项目环境影响 4. 通过披露和报告环境绩效，确保相关投资者和金融机构充分了解项目环境影响 5. 通过申诉机制等途径，完善项目环境管理系统

主要利益相关方	为什么建议应用《绿色发展指南》	何时应用《绿色发展指南》
金融机构	1．降低投资和资产组合中的环境风险以及环境相关的社会和法律风险 2．加快投资项目办理和审批流程 3．增加与国际金融机构及伙伴的合作机会 4．通过了解“碳中和”及关键国际生态环境保护进程的发展趋势，减少声誉风险，为投资战略和决策提供信息	1．贯穿于项目所有阶段 2．在早期评估阶段优先选择“绿灯”项目 3．根据项目分类对其提出相应的环境影响评价要求 4．明确项目的环境管理要求 5．为项目设立保障环境合规的承诺性条款 6．提出环境绩效报告要求，如明确环境关键绩效指标 7．要求对环境报告进行独立审定 8．通过申诉机制等途径，建立早期风险预警系统
“一带一路”项目东道国政府	1．帮助在发展战略中优先选择绿色项目 2．帮助与中国和全球的利益相关方沟通，包括政府和金融界的融资需求 3．减少环境影响 4．提高当地利益相关方对项目的参与度和认同感 5．增加获得资金的机会，通过更多样化的方式降低资金获取成本 6．提高项目的长期财务可持续性，吸引更多不同渠道的资金	1．在项目规划和开发过程中，增加“绿灯”或“黄灯”项目，同时在公开招标时尽量避免“红灯”项目 2．加强对“红灯”“红转黄”和“红转绿”项目的环境影响评价要求和监督
国内政府主管部门	1．降低“一带一路”项目的环境和财务风险 2．加快实现以绿色为底色的“一带一路”高质量发展目标 3．推动绿色“一带一路”成为落实 2030 年可持续发展目标和推进全球环境治理变革的重要实践平台	1．贯穿于涉及多个主管部门的项目所有阶段 2．加快“绿灯”项目和“红转绿”项目的审核 3．在金融监管部门指导下和公共资金的协调下，为“绿灯”项目提供更优惠的融资条件 4．对“红灯”“红转黄”和“红转绿”项目执行更严格的监管措施

资料来源：作者绘制。

1.4 《应用手册》结构

《应用手册》针对各类利益相关方，就如何采用《绿色发展指南》提出的“1+9”建议做出了详细说明，目的是帮助和推动关键利益相关方应用《绿色发展指南》。

《应用手册》采用了文献研究、利益相关方访谈调研以及与研讨会、专题会相结合等方式开展研究，在阐述行动方案路线图的同时，配以说明性案例和可用的工具和资源，使行动方案更具有可操作性。

《应用手册》的结构如下：

第 2 章主要面向参与“一带一路”项目的企业。这包括作为投资方、实施方、开发方或项目业主参与“一带一路”建设的企业。本章向企业全面介绍了《绿色发展指南》及其与企业的关系，以及企业在《绿色发展指南》有效落实过程中发挥的作用。在帮助企业熟悉《绿色发展指南》相关建议，特别是项目分级分类流程和方法的同时，本章还为企业将建议纳入自身业务、做好机构设置和资源调动提供了指导。为了更全面地支持企业持续从应用《绿色发展指南》建议中受益，本章还强调了《绿色发展指南》如何帮助企业参与“一带一路”绿色发展，为全球气候、环境和生物多样性等可持续发展议题做出贡献，以及如何与金融机构等利益相关方的行动相衔接。

第 3 章针对参与“一带一路”项目投资的金融机构提出应用方案。本章首先整体阐述了金融机构将《绿色发展指南》提出的“9 条建议”纳入投资项目生命周期管理的路线图，随后详细说明了路线图中的关键行动。3.2 节重点介绍了“项目分级分类体系”，指导金融机构动员企业客户对项目分级分类、审核企业分级分类结果，以及在业务和管理中对接分级分类结果。3.3 节强调了《绿色发展指南》和《应用手册》的先进性和创新性，鼓励和支持中国金融机构在此基础上继续深入探索，在国际标准制定中更加主动地做出积极贡献。

第 4 章为应用《绿色发展指南》的相关方提出政策支持和行动领域建议。本章结合进一步支持《绿色发展指南》应用的政策需求，以及企业和金融机构应用实践带来的启示，概述了在政策协同、信息共享和能力建设等方面的建议和行动。

2 企业应用手册

企业是参与“一带一路”项目投资和建设的主体。2020 年，中国企业在“一带一路”沿线直接投资 177.9 亿美元，同比增长 18.3%。作为“一带一路”建设的主要参与方，推动企业提高绿色投资比例、健全项目环境管理，不仅响应了加快建设绿色丝绸之路、支持发展中国家能源绿色低碳发展等号召，也越来越被视为一种商业责任和商业机会。

《应用手册》旨在帮助企业在气候、环境和生物多样性等方面识别、评估、管理和改善环境绩效。通过帮助企业完成对其项目环境影响的自我评估，并制定改善环境绩效和管理流程的行动方案，《应用手册》支持企业更好地与国内政策制定者、监管机构、金融机构、东道国有关部门和其他利益相关方沟通，在“一带一路”项目投资和建设过程中避免和减缓与环境相关的风险，并围绕“碳中和”、生物多样性保护和企业社会责任等全球议题，做出实质性贡献。

2.1 应用《绿色发展指南》的准备

2.1.1 企业在《绿色发展指南》中的作用

《绿色发展指南》是一套基于项目分级分类体系的环境管理战略和行动指南，内容涵盖投资项目的全生命周期，面向政府部门、金融机构及其包括企业在内的客户等利益相关方提出科学系统的识别标准，帮助其排除会造成重大环境损害且无法通过缓解措施减轻损害从而实现环境和经济效益的项目，并针对不同环境影响类别的项目开展环境影响评价，建立完善的环境和社会管理体系，对环境绩效进行公开披露和报告（“1+9”建议具体内容参见 1.2 节）。

根据环境影响对“一带一路”项目进行分级分类是《绿色发展指南》的核心内容之一。项目根据其环境影响被评估为“绿灯”项目（鼓励合作类）、“黄灯”项目（一般影响类）和“红灯”项目（重点监管类）。分级分类体系为政府部门、金融机构和客户、东道国和其他国际投资者提供了一套共同的分类体系，帮助各方形成对“一带一路”项目环境影响研判的共识，成为各利益相关方应用《绿色发展指南》中其他建议措施、采取协调行动的基础。

《绿色发展指南》所提出的建议与参与“一带一路”项目投资建设的企业息息相关。同时，企业的应用实践也对《绿色发展指南》的后续完善发挥促进作用。对于企业而言：

- 企业是环境影响分级分类自评估的起点。作为境外项目的发起者，企业可以在投资决策和项目启动之前，通过对项目的分级分类快速和系统地获得项目环境气候影响相关信息，从而在项目识别和对接阶段就更好地了解项目潜在的环境影响。根据《应用手册》的建议，在后期融资协商阶段，金融机构也将为企业的项目自评估提供激励政策，同时对企业项目分级分类结果进行核实。企业可以与金融机构紧密合作，以确保投融资双方就项目影响和缓解措施达成共识（详见 3.2 节）。
- 企业是环境影响评价（EIA）的直接负责人和实施者。作为“一带一路”项目的开发者或实施者，企业的商业行为对项目所在国有最直接的影响。基于项目分级分类，《绿色发展指南》鼓励企业和金融机构在项目的全生命周期进行管理，将独立的环境影响评价（EIA）制度化，尤其是对“红灯”项目提出更为严格的评估要求，并要求项目公司和开发者建立环境和社会管理体系，设立透明的申诉回应机制。这就要求项目公司建立健全体制机制，采取相应行动，开展并报告相关环境绩效和工作进展。
- 企业受金融机构和监管机构的行动影响。《绿色发展指南》建议金融机构和监管机构提供排除清单，以收紧或停止对环境影响重大且无法缓解的项目进行投资；建议金融机构根据项目分级分类结果，为“绿灯”项目提供审批和融资优惠，为“红灯”项目设置限制条件，提高融资门槛和难度；并建议通过在投资协议合同中设置补充承诺条款（covenants），促使金融机构与客户同步严格执行环境绩效和管理标准，在客户不纠正违反环境和社会协议行为的情况下，可以行使补救措施，包括宣布违约。这些都对融资的条件和成本以及环境管理的要求产生影响，从而影响企业的决策和实践。

- 企业可以在《绿色发展指南》的帮助下加强信息披露，更好地参与全球气候和环境进程。越来越多的企业以可持续发展报告或企业社会责任（CSR）报告的形式在项目层面披露环境信息，从而更好地与外部利益相关方沟通，改善自身环境绩效。《绿色发展指南》所提供的项目环境影响分级分类体系以及有关工具和资源支持，有助于企业将环境信息披露纳入现有报告框架机制，为企业参与相关国际倡议和对话提供支持。

图 2-1 进一步展示了企业在《绿色发展指南》中的作用。

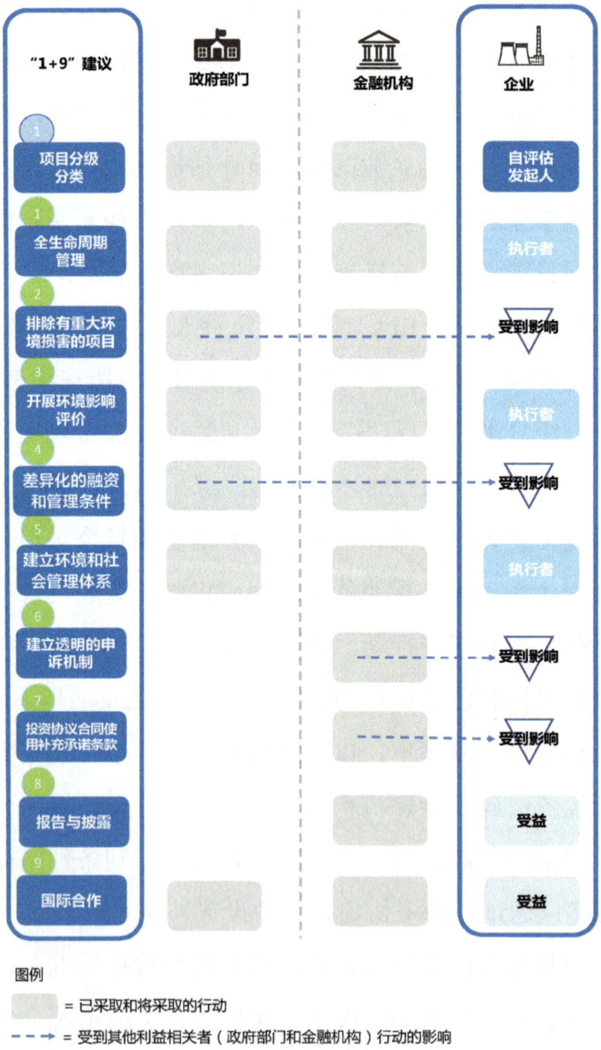

图 2-1 企业与《绿色发展指南》的关系

资料来源：作者绘制

2.1.2 企业何时开始对项目进行分级分类

尽管项目分级分类体系适用于处在投资前期阶段、融资协商阶段、建设和运营阶段的项目，但对所有新项目而言，分类应从项目启动时开始。同时，《应用手册》鼓励企业对已有项目进行自我评估，并根据分类结果对项目进行有区别、有针对性的管理，以提高环境绩效，减缓环境影响。

- 投资前期阶段：对项目机会的识别和评估是从源头上限制和减少对环境有重大负面影响的项目的关键节点。企业可在项目机会研判、预可行性研究、可行性研究、项目决策审批等阶段，利用《绿色发展指南》尽早识别和评估其环境影响，并与包括项目所在国政府部门和社区在内的利益相关方，以及为“一带一路”投资提供建议和监督的决策与监管部门及时沟通。
- 融资协商阶段：借助项目分级分类结果，企业可以帮助金融机构充分了解项目及其相关的环境影响。这也将有利于金融机构与其他国际投资者更好地对接合作，特别是设有具体环境政策和要求的金融机构。
- 建设和运营阶段：企业应当在项目环境影响评价及分级分类体系的支持下，持续关注和管理项目的环境影响，保持与项目所在国政府部门和社区等利益相关方的沟通。

相对灵活的时间表使企业能够根据自身实际开展自评估。除依照各个项目进程安排自评估时间外，企业还可以根据战略制定、利益相关方沟通等内外部活动周期开展自评估，并根据企业固有业务、新业务和业务变化进行定期审查和更新。

2.1.3 相关部门和人员

项目的自评估涉及不同职能部门，各自作用也有所差异。根据“一带一路”项目投资和建设的不同阶段和流程，执行《绿色发展指南》的人员可包括战略和决策制定者、项目开发设计人员、项目管理人员、项目支持和行政管理人员、企业社会责任与国际合作部门人员等（表 2-1）。这些职能部门和人员在实施《绿色发展指南》中的作用可分为三类：

- 了解《绿色发展指南》中“1+9”建议的内容，理解项目分级分类结果与企业相关工作领域之间的联系，以及企业在其中的角色和可以发挥的作用。

- 熟悉分级分类方法和流程，从而支持对项目的分级分类，包括信息收集和分析、影响评估和形成分级分类结果。
- 能够解读评价结果及其影响，为决策和管理提供信息和改进建议，强化环境管理政策和措施，实现向绿色发展转型，抓住可持续发展趋势与政策中蕴含的商业机会。

企业应考虑与第三方顾问合作，并尽早与相关金融机构联系，了解环境尽职调查和环境影响管理的要求，将相关尽职调查机制纳入项目评估流程。

表 2-1　企业中与《绿色发展指南》相关的人员

<table>
<tr><th colspan="2" rowspan="2">项目阶段</th><th rowspan="2">项目环境管理周期</th><th rowspan="2">使用《绿色发展指南》的预期目标</th><th colspan="2">企业内部相关人员</th><th rowspan="2">第三方</th></tr>
<tr><th>国内</th><th>东道国</th></tr>
<tr><td rowspan="7">投资前期</td><td>海外发展战略制定</td><td rowspan="2">项目筛选/范围界定</td><td rowspan="2">1. 帮助企业核心决策者，以及参与项目开发、设计和管理的工作人员了解项目环境管理要求
2. 在项目设计规划初期，初步判断项目潜在影响和风险</td><td>战略和决策制定者</td><td>/</td><td>/</td></tr>
<tr><td>项目机会识别与研判</td><td>战略和决策制定者、项目开发设计人员</td><td>/</td><td>/</td></tr>
<tr><td>可行性研究（包括国别和环境影响研究、资源利用与环境评价等）</td><td rowspan="2">环境影响评价或环境和社会影响评估（EIA/ESIA）</td><td rowspan="2">1. 识别项目环境/社会影响
2. 按照行业明确项目所属类别（绿/黄/红）
3. 综合上述结果，为项目内部决策和外部审批提供支持</td><td>项目开发设计人员、项目管理人员、企业环境和社会责任管理人员</td><td>项目支持和行政管理人员</td><td>专业评估机构和专家</td></tr>
<tr><td>项目发起和立项</td><td>项目开发设计人员、项目管理人员</td><td>项目支持和行政管理人员</td><td>/</td></tr>
<tr><td>企业/董事会决策</td><td>内部决策</td><td rowspan="3">更便捷、高效地开展面向国内外项目审批和主管部门，以及各利益相关方的信息沟通</td><td>战略和决策制定者</td><td>/</td><td>/</td></tr>
<tr><td>国内审批</td><td>国内审批</td><td>项目支持和行政管理人员</td><td>/</td><td>/</td></tr>
<tr><td>东道国政府审批</td><td>东道国审批</td><td>/</td><td>项目支持和行政管理人员</td><td>/</td></tr>
</table>

项目阶段		项目环境管理周期	使用《绿色发展指南》的预期目标	企业内部相关人员		第三方
				国内	东道国	
融资协商	与融资机构（包括相关金融机构）对接沟通	接受融资机构环境社会保障政策核查	综合前序各项评估结果，在融资方案协商过程中，加强与出资方（含相关金融机构）及利益相关方的沟通，帮助各方充分了解项目潜在环境影响	项目开发设计人员、企业环境和社会责任管理人员	项目支持和行政管理人员	专业评估机构和专家
	合同签署及资金落实					
建设运营	社会环境管理（包括项目退出环保恢复）	制定项目环境管理方案（EMP）	1. 依据项目所属类别（“绿灯”项目、“黄灯”项目、“红灯”项目）制定项目环境管理方案 2. 明确管理绩效评估基准 3. 识别环境管理重点、要求、预期目标 4. 建立定期报告的信息公开机制	企业环境和社会责任管理人员	项目管理人员	专业评估机构和专家
	项目监督	监测和审计	1. 跟踪、评估并定期报告项目环境管理进展（如根据不同项目类别和金融机构要求，有重点地对项目环境绩效进行披露和报告） 2. 开展有效的信息公开	企业环境和社会责任管理人员	项目管理人员	专业评估机构和专家
终止	项目终止（退役或关停）	退役期环境影响评价	1. 开展项目退役期环境影响评价 2. 汇总编制项目档案和经验总结	/	项目管理人员	专业评估机构和专家

资料来源：作者绘制

2.2 项目分级分类和自评估

2.2.1 分级分类体系的原则

“一带一路”项目分级分类体系遵循以下总体原则：一是多维度，即综合考虑项目在污染防治、气候变化减缓、生物多样性保护三个环境维度的影响和贡献。二是综合性，即关注项目全生命周期的环境影响，包括在时间和空间尺度的累积影响。除了有重大环境影响的行业本身，其配套行业或直接为该行业提供支撑的项目也应纳入考虑。三是对标国际环境气候保护目标，即与污染防治、气候变化减缓和生物多样性保护相关国际公约和全球倡议保持一致。四是执行动态评估，即监测项目生命周期的环境影响和采取的缓解措施。如第 1 章所述，在上述原则指导下，项目被分为“绿灯”“黄灯”和“红灯”三类。

此分级分类体系旨在提供一套易于操作的方法评估“一带一路”项目的潜在环境影响。分级分类不能取代确保项目启动和运行的其他必要程序。例如，分级分类结果不能保证项目获得政府支持或保障协议，也不等同于环境影响评价、施工许可等必要的许可证件，不可取代如开工许可、森林和水资源使用许可等项目立项、建设、运营需要的各种条件。

2.2.2 如何进行项目分级分类

2.2.2.1 收集信息

表 2-2 列举了企业进行项目分级分类所需的各类信息。鉴于每个企业登记和处理信息的方式不同，表 2-2 对所需信息和用途进行简要描述，帮助企业根据自身实际定位获取这些信息。有些信息可以从项目文件中获得，特别是对于已启动和已开展的项目。

表 2-2 企业进行项目分级分类所需的各类信息

信息类型	描述	用途
项目基本信息	所属行业和部门	• 从《绿色发展指南》分类清单提供的六大行业中查找项目对应分类与说明（见附录 2） • 如果项目属于六大主要行业以外的其他行业，则该信息可作为确定项目环境影响的基础，帮助企业根据项目所属行业的固有特征和环境、生物多样性和气候影响进行分类
	项目地址和受影响的地理环境	• 初步确定项目对生态环境和生物多样性的潜在影响，如项目是否入侵或接壤生物多样性热点地区、核心保护区或栖息地
	当前项目阶段和企业参与或可能参与的项目阶段	• 基于项目所处周期，对项目影响可能涉及的范围做出判断 • 确定包括累积影响在内的项目影响范围

信息类型	描述	用途
项目基本信息	项目原料、燃料、工艺流程、污染物排放环节、治污设施等信息	• 基于项目技术指标和参数，并根据项目的固有特点（如温室气体排放、污染物排放等）确定项目的潜在影响 • 确定已证明有效的缓解措施，以判断项目是否采用了恰当的缓解措施减轻和管理项目有关技术、流程和设施产生的影响
	项目所处供应链和价值链	• 确定项目在供应链和价值链上、下游产业的关联效应
环境和资源利用信息	环境灾害可能性	• 判断环境事故发生的可能性，如有害物质的运输、使用和排放可能引起的环境事故、有害物质爆炸或泄漏等
	资源利用	• 确定对水、森林、土地等自然资源的消耗情况 • 将资源消耗情况与国内、东道国或国际标准的最高环境标准相比较。该信息可能与申请环境许可时所需的信息有关
企业内部管理、信息披露和利益相关方沟通	企业战略和治理相关信息	• 对企业战略和治理结构中的环境影响缓解措施进行评估 • 确定与自评估和项目分级分类有关的职能部门和人员
	环境和社会管理体系（ESMS）	
	企业可持续发展报告或企业社会责任（CSR）报告等与环境有关的信息披露行动，以及宣传、媒体、公共关系和其他与利益相关方的沟通渠道	

资料来源：作者绘制

建议企业尽可能收集量化和详细的信息，如铁路项目的单位温室气体排放量［gCO_2e/（t·km）］和与关键生物多样性保护区域的距离（km）等，以便顺利开展自评估。信息收集也是了解项目环境影响和明确缓解措施的基础。除了服务于环境影响评价，上述一些信息也有助于企业梳理和监测可行技术、工程流程、自身项目管理经验等，从而帮助企业探索可能的替代方案和改进环境影响管理体系。

2.2.2.2 参照正面清单与负面清单对项目进行分类

《绿色发展指南》首先选择了六大行业（能源基础设施、交通基础设施、制造业、采矿业、农业和土地利用）初步筛选出正负面项目清单，可为生态环境和气候影响较大的重点投资行业提供参考。表 2-3 提供了部分示例，企业可以参考附录 2 进行项目分级分类。项目分类清单是一个动态工具，它将定期更新和修订，以适应科学技术、市场动态和政策需求的发展。

表 2-3　项目分类清单示例

“绿灯”项目（鼓励合作类）	太阳能光伏发电、风力发电、地热能利用、用于输送清洁能源的小型/微型电网、电动交通基础设施、绿色港口及其配套设施建设、造林项目等
“黄灯”项目（一般影响类）	废弃物垃圾发电项目、排放标准在欧四/国四或当地同等标准以上的城市货运等
“红灯”项目（重点监管类）	燃煤发电（包括新建燃煤电厂以及对现有燃煤电厂进行改造升级）、燃气发电、铁路建设（长途、客运或货运）、排放标准在欧四/国四或当地同等标准以下的城市货运、涉及化石燃料存储或运输的港口及其配套设施建设、大型畜禽养殖场建设，以及采矿业、石油化工、工业园区建设等

资料来源：“一带一路”项目绿色发展指南基线研究报告，2020

2.2.2.3　按照分级分类流程自行分类

对于项目分类清单未覆盖的行业和项目，企业可按照分级分类流程自行完成分类。项目分级分类采取“两轮评估流程”，包括第一轮评估（针对项目类型固有特点分类）和第二轮评估（根据缓解和补偿措施再分类），如图 2-2 所示。

第一轮评估是针对项目固有特点，评估其在污染防治、气候变化减缓和生物多样性保护三个维度是否存在重大负面环境影响①和积极的环境贡献②。如果一个项目没有重大负面环境影响，并有积极的环境贡献，则被视为“绿灯”项目。既没有重大负面环境影响，也没有积极的环境贡献的项目则被列为“黄灯”项目。在任一环境维度上具有重大负面环境影响的项目，不论其在其他环境维度上是否具有环境贡献，都被视为“红灯”项目。

第二轮评估是评估项目的环境管理程序和环境影响缓解措施③。项目可通过环境管理和缓解措施实现类别“升级”。第一轮评估中被确定为“红灯”项目，可以按照“缓解措施优先次序”采取缓解和补偿措施，避免、减少或补偿项目的环境损害。根据项目对环境影响的改善潜力，经证明有效的缓解措施可以使项目成为从“红灯”到“黄灯”甚至到“绿灯”的“转换类”项目。影响不可缓解、无法实现类别转换的“红灯”项目则列入负面清单。

---

① 重大负面环境影响包括：与没有该项目相比，污染显著增加，和/或有大量温室气体排放导致难以实现《巴黎协定》的目标，和/或生物多样性显著恶化。

② 积极的环境贡献包括：与没有该项目相比，污染情况明显改善，和/或对实现《巴黎协定》的目标有很大贡献，和/或生物多样性有明显改善。

③ 从生物多样性保护中产生的概念，指的是避免、最小化、恢复/修复、补偿四个层级的措施，以确保生物多样性净零损失或净收益。

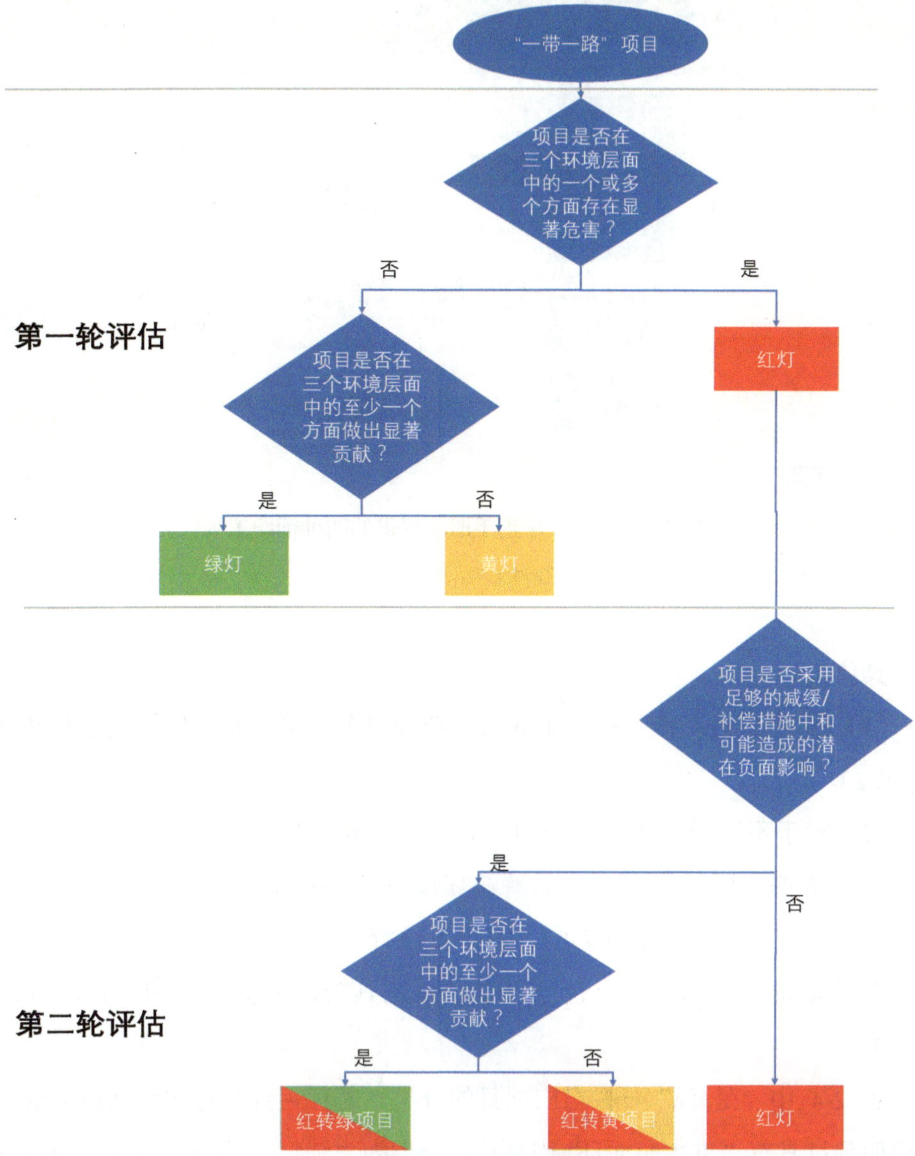

图 2-2 "一带一路"对外投资项目分类流程

资料来源："一带一路"项目绿色发展指南基线研究报告，2020

2.2.2.4 分类流程中环境影响及阈值判断

"两轮评估流程"要求收集和分析项目环境贡献、影响和缓解措施的信息。本节提供了完成分类的必要工具和资源。图 2-3 显示了在图 2-2 项目分类流程中如何使用《应用手册》提供的四种辅助工具。

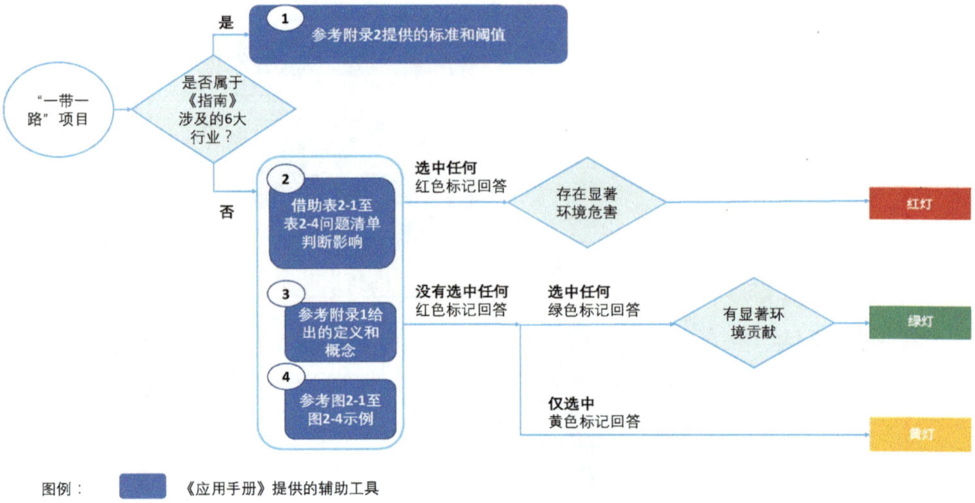

图 2-3　使用《应用手册》提供的四种辅助工具

资料来源：作者绘制

具体包括：

（1）《绿色发展指南》提供了 6 大行业项目分类清单及相应辅助信息和阈值（附录 2）。

（2）对于不属于 6 大行业的项目和其他需要自分类的项目，表 2-4 提供了一套问题清单，用于识别项目的潜在环境危害和贡献。其目的是帮助企业以结构化和系统化的方式识别影响，对项目进行分类。当缺少具体的（子）行业和更多的定量评估标准时，也可以采用此工具帮助分类（但应尽量减少这些情况）。

表 2-4 中“是/否”一栏对应项目的分类。若任何红色标记的回答被选中，则说明项目具有“重大负面环境影响”，分类为“红灯”项目。当且仅当所有黄色标记的回答被选中时，项目被判断为既无“重大负面环境影响”，也无“重大环境贡献”，即“黄灯”项目。以上情况外的项目（至少选中一项绿色标记问题）则自动归为“绿灯”项目：绿色标记的回答用以确认项目的环境贡献大小。

除表 2-4 中的“参考文件”一栏外，企业还可以参照附录 3 提供的分行业环境影响识别管理工具，找到具体行业相关的环境影响及阈值标准。

表 2-4 识别三个环境维度的贡献和影响的问题清单

问题	是/否		参考文件
维度 1：污染防治			
项目是否有助于绝对减少污染	○ 是	○ 否	国际金融公司环境和社会管理实施手册、东道国相关法律法规、中国环境相关法律法规
由于常规或非常规情况，该项目是否会因污染物的释放而对环境造成重大影响 • 在项目建设和运营过程中使用设备是否可能产生空气污染	○ 是 如锅炉、柴油发电机、焚烧炉、研磨机等	○ 否	
项目是否会产生大量的非危险性废物 • 项目建设和运营过程中是否产生大量（或数量可观的）固体废弃物 • 项目建设和运营过程中是否将固体废弃物排入填埋场	○ 是 如设备维护产生的废弃物，烧煤锅炉产生的飞灰和底灰 如由于不恰当地排放固体废弃物造成土壤、地下水和/或地表水污染	○ 否	
项目建设和运营过程中是否产生大量（或数量可观的）液体废弃物 • 项目建设和运营过程中是否将产生的废水排入附近的河流、湖泊或其他水体，是否不重复利用（一部分）处理后的废水	○ 是 如锅炉排污、废油 例如，由于渗漏、径流导致土壤和/或地下水受到污染，废水注入使水体和水生生物受到污染，由于 BOD 或 COD 过高导致水体富营养化，生物多样性损害	○ 否	
项目是否涉及危险化学品和/或其相关材料的制造、交易、释放和/或使用 • 项目建设和运营过程中产生有害或有毒的固体或液体废弃物，如项目内部污水处理场地的化学残留和污泥	○ 是 如使用国际禁止使用或逐步淘汰的化学品或材料，以及可能对环境或人类健康产生负面影响的农药 有害废弃物（如废油、被油浸透的过滤装置和抹布等）因不恰当排放，会造成土壤、地下水污染	○ 否	
项目建设和运营过程中使用一些被禁止或被限制使用的化学品/材料	○ 是 不遵守法规对这些材料的要求，造成空气、土壤或水污染，或使工人或消费者接触危险化学品的风险增加	○ 否	
项目建设和运营过程是否产生大量噪声	○ 是	○ 否	

问题	是/否		参考文件
维度 2：气候变化减缓			
项目建设和运营是否为当地社区气候适应性和韧性做出重大贡献	○ 是　如气候适应性城市、防洪堤、气候适应性农业	○ 否	多边开发银行（MDB）与国际开发金融俱乐部（IDFC）联合发布的《适应气候变化融资共同原则》 气候债券倡议组织的气候韧性原则
项目是否按照《巴黎协定》规定，加快了经济活动向“净零排放”的进程	○ 是	○ 否	《联合国气候变化框架公约》、气候债券分类方案、科学碳目标倡议、中国《绿色债券支持项目目录》
项目建设和运营是否造成大量温室气体排放	○ 是　即项目有可能对《巴黎协定》的实现产生阻碍 例如，项目需要大量用电或者煤炭、天然气、柴油等化石燃料	○ 否	
项目建设和运营是否将带来更多高耗能、高排放经济活动	○ 是　即项目有可能对违背《巴黎协定》的行业项目有重大贡献（如延长其生命周期）	○ 否	
维度 3：生物多样性保护			
项目是否有助于实现《生物多样性公约》框架目标和/或提高生物多样性	○ 是	○ 否	
项目是否会对濒危物种构成风险	○ 是	○ 否	
项目是否涉及关键栖息地和/或环境敏感区内或附近的活动	○ 是　如位于关键生物多样性区域10千米范围内的铁路项目，或项目上下游供应链对关键生物多样性区域产生影响	○ 否	
项目是否有引入外来入侵物种的风险	○ 是	○ 否	世界自然保护联盟（IUCN）濒危物种红色名录、生物多样性综合评估工具

问题	是/否			参考文件
项目是否涉及自然资源的生产或采伐	○ 是	如天然林、种植园开发、造林、畜牧业或渔业养殖等	○ 否	
项目是否包括需要大量消耗原材料、能源和/或水的活动 • 项目建设和运营是否需要大量淡水 • 项目建设和运营是否需要占用大量土地或转变大量土地用途	○ 是	例如，引起土壤退化和/或生物多样性丧失的风险	○ 否	
项目是否会产生跨界或全球环境问题	○ 是		○ 否	

资料来源：联合国开发计划署，2016；作者绘制。

（3）附录 1 提供了问题清单中相关概念的详细定义。对环境贡献和负面影响的判断，需要与现状或无此项目的情况进行对比，并确定这些绝对影响是否“显著”，即“重大”和/或“不可逆转”。除表 2-4 中的“参考文件”外，企业还可以参照附录 3 提供的不同行业环境影响识别管理工具，找到具体行业可能产生的环境影响及阈值标准。

回答表 2-4 中的问题时，需要从以下 6 个方面考虑：

- 影响扩大和传播的程度，影响通过关联项目的扩散范围。
- 项目持续时间。
- 受影响地区的敏感度。
- 影响的可管理性。
- 事故的风险。
- 影响是否可逆。

（4）以下是一个电力系统扩建项目的例子，该案例来自尼泊尔的一个电力系统扩建项目，欧洲投资银行（EIB）、亚洲开发银行（ADB）等金融机构于 2015 年签署融资合同。项目借款方是尼泊尔联邦民主共和国，最终受益人和项目实施方是尼泊尔国有电力公司国家能源局。针对问题“项目建设和运营是否造成大量温室气体排放？”本例通过图 2-4 所示分析，最终勾选答案“否”。

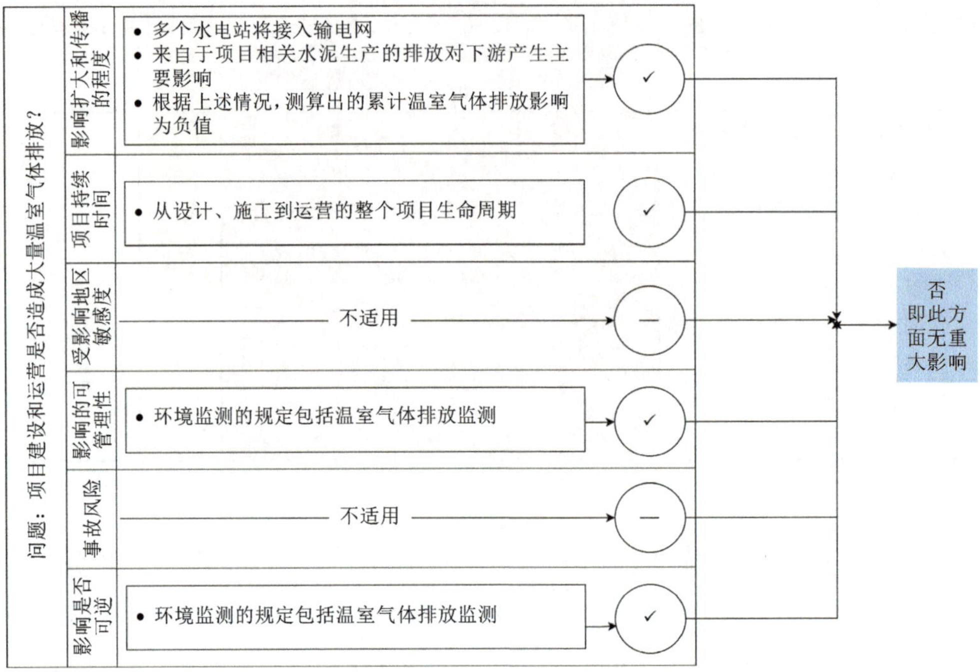

图 2-4　根据问题确定项目无重大环境影响的示例

资料来源：欧洲投资银行，2021；亚洲开发银行，2014；作者绘制

2.2.2.5　评估缓解措施

“一带一路”项目分级分类体系在关注项目实际环境影响的同时，关注项目所采取的环境管理措施，并重视项目环境绩效的持续改进。如图 2-2 所示，项目类别可以升级或降级为“转换类”类别，如“红转黄”“红转绿”等，转换的实现取决于在项目全生命周期过程中为消除负面影响而制定和应用的环境管理和缓解措施。

企业应采用“缓解措施层级”管理和缓解项目在环境、气候和生物多样性三个维度的影响。对于属于 6 大关键行业的项目，附录 2 列举了有效和经济可行的缓解措施。此外，企业可以通过项目规划设计、技术选择、工程工艺设计、项目管理和保障措施改善环境绩效。以水电项目为例，图 2-5 列出了企业按照避免、缓解、修复和补偿的顺序，可以采取的缓解环境影响和改善环境绩效的措施。

	避免	缓解	修复	补偿
项目管理和保障措施				**多环境维度** 制订环境管理计划 **生物多样性保护** • 水库运行：可以在项目下建立和管理补偿性保护区，以抵消由于水库淹没或其他项目组成部分（如采石场）造成的自然生境的损失 • 如一个区域受法律保护，但并未在实际操作中得到足够的执行，则项目仍应加强实地保护和管理。理想情况下，项目的保护区域应该与因项目而损失的自然区域具有相当或更大的规模和生态质量
工程工艺		**污染防治** • 通过污染控制和预集水、选择性森林清理可以减少水库中水生杂草的生长 • 避免使用化学品清理杂草或相关害虫，降低环境和人类健康的风险		
技术选择	**生物多样性保护** • 在易受伤害的鸟类集中的地方，用塑料装置使顶部（接地）导电线更加明显。通过对鸟类友好的塔架设计和适当的导电线间距，避免大型猛禽等鸟类触电			
规划设计	**生物多样性保护** • 配套公路交通设施应选址在对环境和社会破坏最小的区域，避开限制和保护区域	**应对气候变化** • 尽量减少水库温室气体排放的最好方法是在选择大坝的位置时就尽量减少对一般土地，特别是森林的淹没 • 最好情况下，通过彻底减少和循环利用商业木材和薪材，可以减少水库的温室气体排放	**生物多样性保护** • 为减轻建坝活动对流域鱼类物种量和生物量的损害，可适当进行人工鱼类种群培育和投放，但应避免引入入侵物种	**生物多样性保护** • 对因输电线路规划而被砍伐的树木予以换地补种，补种面积应较被砍伐面积扩大2倍

图 2-5　水电项目环境影响缓解措施示例

资料来源：国际金融公司，2015；作者绘制

对于不能完全抵消影响的"红灯"项目，企业仍可通过不断创新和应用先进技术、改进项目环境管理、完善保障措施和补偿措施，将项目的负面影响降到最低，提升项目类别。

2.2.3　项目分级分类自评估表

为方便企业对项目进行自评估，本节提供项目分级分类自评估表模板（表 2-5），企业可以根据本章的指引进行填写。

为帮助企业更好地准备项目环境信息并了解后续用途，3.2 节进一步介绍了以金融机构为代表的项目投资方如何使用企业自评估信息协助金融机构内部信贷审批决策和项目风险管理。

表 2-5 《绿色发展指南》提供的项目分级分类自评估表（样式）

项目名称			
境内主体企业	名称：	法定代表人：	
	地址：	联系人及联系方式：	
主管部门			
拟投资境外企业名称	中文： 外文：		
注册资本	______万美元，中方占______%股份，外方占______%股份		
股权结构	中方股东名称：______ 股比：______%		
	外方股东名称：______ 股比：______%		
注册地	国家： 省（州）： 城市：		
设立方式	○ 新设 ○ 并购		
经营范围			
所属行业			
投资规模	投资总额：________万美元 中方投资额：______万美元		
是否将绿色发展写入企业战略	○ 是 ○ 否		
是否建立针对项目/投资标的的绿色表现负面清单	○ 是 ○ 否		
是否建立已投资项目/投资标的常态化环境风险监控机制并应用于资产组合管理	○ 是 ○ 否		
项目是否对本栏中环境目标造成**显著负面影响**	污染防治	○ 是 ○ 否	说明：
	气候变化减缓	○ 是 ○ 否	
	生物多样性保护	○ 是 ○ 否	
项目是否对本栏中环境目标产生**显著贡献**	污染防治	○ 是 ○ 否	说明：
	气候变化减缓	○ 是 ○ 否	
	生物多样性保护	○ 是 ○ 否	
项目是否采用足够的**减缓或补偿措施**管理可能对本栏中环境目标产生的潜在负面影响	污染防治	○ 是 ○ 否	说明：
	气候变化减缓	○ 是 ○ 否	
	生物多样性保护	○ 是 ○ 否	

<table>
<tr><td colspan="2">自评估评价结果</td><td colspan="2">□“绿灯”项目（鼓励合作类）
□“黄灯”项目（一般影响类）
□“红灯”项目（重点监管类）
□ “转换类”项目
□ “红转黄” 项目
□ “红转绿” 项目
□ “黄转绿” 项目</td><td colspan="2">说明：</td></tr>
<tr><td colspan="6">补充说明：</td></tr>
<tr><td colspan="2">国家有关部门核准或备案文件号
（如有相关规定）</td><td></td><td colspan="2">资格资质文件名称及编号
（如有要求）</td><td></td></tr>
<tr><td colspan="6">本单位保证以上填报事项及材料的真实性，承诺按照中国和东道国国家相关法律法规的规定开展境外投资。
企业盖章：
年 月 日</td></tr>
<tr><td>初核</td><td></td><td>复核</td><td></td><td>签发</td><td></td></tr>
</table>

资料来源：作者绘制

2.3 从项目自评估到持续改善环境绩效

除了应用项目分级分类体系之外，企业还可以利用《绿色发展指南》给出的9条建议持续改善其环境绩效。

2.3.1 促进决策和向可持续发展转型

《绿色发展指南》是一个“字典式”的工具，它对什么是环境可持续项目，以及在什么情况下是环境可持续项目给予了较明确的定义，为企业提供明确的指引，为市场和公众提供必要的信心。

通过自评估和项目分级分类，企业可以了解其在“一带一路”建设中参与的项目及其所属行业的环境影响。通过促使企业在政策、战略制定和投资决策中更加关注环境因素，以及通过沟通金融机构和政府的奖励和惩罚机制（详见第3章和第4章），《绿色发展指南》帮助企业及时了解未来的政策趋势和金融机构等利益相关方的要求变化，从而及时调整投资策略（图2-6），尤其是涉及对环境影响相对较大的行业和项目（如“红灯”项目）的决策，规避风险。

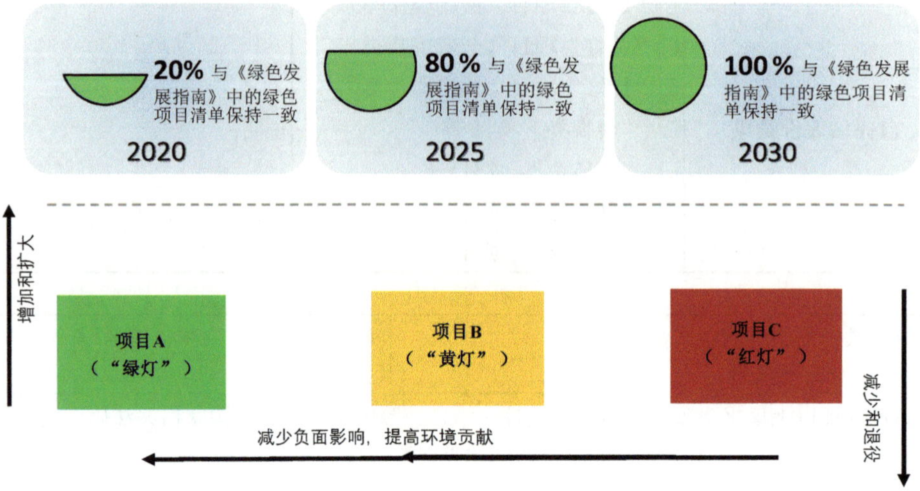

图 2-6　企业战略与目标设定示例

资料来源：作者绘制

此外，项目分级分类自评估表为不同的行业设定了可持续发展目标和路径，帮助不同行业的企业和投资者制订相应计划，并衡量和报告可持续战略的实施情况。具体的实施指引可参考国际相关做法，如欧盟《可持续金融分类标准》（EU Taxonomy）的“使用指南”（Usability）部分。

2.3.2　建立项目全生命周期标准化管理体系

《绿色发展指南》通过提出环境影响评价和风险管理的标准化流程，为企业建立项目全生命周期环境影响管理奠定了基础。项目分级分类流程为企业环境管理提供必要信息的同时，其涵盖的多环境维度缓解措施和整体管理等内容也为企业提供了一个不断改善环境绩效的抓手，有助于企业通过一套明确的、可重复的流程，将环境和社会管理相关的规则①和目标纳入其核心业务运营，帮助企业将环境管理制度化，对照最佳实践和来自多方利益相关方的要求及期望，提高管理水平。

《绿色发展指南》鼓励企业建立环境和社会管理体系（ESMS）。ESMS 可以帮助企业通过一套明确且例行化的流程，将环境和社会管理相关规则和目标纳入

① 如生命周期评估（LCA）和环境风险评估（ERA）。

企业核心业务运营。这使企业能够：

- 有效应对金融机构对项目环境管理提出的新要求（详见第 3 章）。
- 对环境和社会绩效进行常规和主动化管理，特别是高环境影响的“红灯”项目。
- 制定可衡量的公司/项目目标和指标，定期审查和更新。
- 确保企业内部环境管理能力的提升。

鉴于环境影响管理的复杂性和贯穿整个项目生命周期的长时间跨度，企业所有相关部门必须充分了解并有能力履行环境管理的职责和义务，克服人员变化带来的不确定性。这就要求 ESMS 与核心管理系统和企业战略深度融合。

2.3.3 强化环境信息披露与沟通

《绿色发展指南》和项目分级分类自评估表可以用于帮助企业衡量某个具体项目、特定投资组合（portfolio）以及整个企业的可持续发展程度，并在此基础上进行有效、一致和可对比的项目和企业环境信息披露，同时完善自身申诉回应机制建设，强化外部监督对企业自身行为的约束作用。除了报告环境事故和违反环境协议的情况外，基于独立的审计对环境绩效的报告和披露可以帮助企业识别绩效差距，明确改进行动的优先次序，在后期与金融机构对接、与投资者合作时降低交易成本①，并在早期阶段就能够及时调整项目及其管理措施。

通过应用《绿色发展指南》，企业也可以更积极主动地参与气候和生态环境相关倡议。《绿色发展指南》为企业提供了参与绿色“一带一路”建设及其他更广泛的国内和全球主要环境行动的机会和平台。企业可以通过积极履行社会责任，实现自身低碳和可持续发展转型，进而为实现区域可持续发展目标提供商业解决方案。表 2-6 列举了部分此类倡议，并解释了这些倡议如何与企业应用《绿色发展指南》相辅相成。

---

① 例如，投资者在进行尽职调查时，会要求企业对项目的环境绩效进行全面说明。

表 2-6　与《绿色发展指南》相关的国内及全球倡议示例

环境维度	倡议	要求	《绿色发展指南》的作用
污染防治	联合国全球契约（UNGC）的“CEO 水之使命”倡议	企业识别并减少其业务涉及的关键水风险，抓住与水有关的机会，为水安全和可持续发展目标（SDGs）的实现做出贡献	通过项目分级分类和缓解措施，指导企业避免、缓解、修复以及补偿整个项目生命周期的潜在水污染等环境影响
气候变化减缓	• 联合国全球契约（UNGC）、世界资源研究所（WRI）、世界自然基金会（WWF）和全球环境信息研究中心（CDP）共同发起的“科学碳目标”倡议 • 中国 2030 年“碳达峰”和 2060 年“碳中和”的“双碳”目标 • “可再生能源采购联盟”倡议	• 企业设定至少与《巴黎协定》相一致的碳排放目标，并制定明确的实施路线图 • 呼吁企业购买来自可再生能源的电力	项目分级分类要求进行与《巴黎协定》目标保持一致的温室气体排放评估，并提供分级分类流程、阈值和建议的缓解措施
生物多样性保护	《生物多样性公约》（CBD）“企业参与计划”和“企业与生物多样性全球伙伴关系”	企业评估、报告生物多样性影响和建立生物多样性保护的商业案例，将生物多样性保护纳入战略和实践	通过项目分级分类和缓解措施，指导企业避免、缓解、修复和补偿整个项目生命周期的潜在的生物多样性影响
多环境维度	• 全球报告倡议组织（GRI） • 中国企业社会责任报告编写指南（CASS-CSR）	企业披露与气候和生态环境绩效有关的战略、进展、关键绩效指标（包括事故）和治理情况	信息收集和影响评估过程有助于相关项目的报告

资料来源：作者绘制

3 金融机构应用手册

金融机构是“一带一路”投资建设的主要资金提供方。金融机构通过大规模、快速调动资金，推进“一带一路”建设，促进实现共建“一带一路”国家绿色转型。越来越多的金融机构认识到，需要重新评估环境影响较大的行业投资。截至2021年年中，已有150余家金融机构规定或修订了在煤电部门的投资政策，承诺退出煤炭投资（IEEFA）。更多的金融机构开始将环境、社会和公司治理（ESG）因素纳入投资考量，这对客户的环境管理提出更严格的要求，对环境信息的披露原则和框架的要求也在不断完善和趋同。

针对这些需求，《应用手册》为金融机构提供了一套系统的行动指引，帮助金融机构制定绿色决策，将资金投入到对环境目标有贡献的绿色行业。通过为项目全生命周期过程中的所有活动制定详细的绿色方案，《应用手册》将帮助金融机构改善环境绩效、减少与气候和生态环境有关的风险，在为气候和可持续发展目标的实现做出贡献的同时，确保与各利益相关方的沟通协作，以获得更广泛的支持。《应用手册》在《绿色发展指南》“1+9”建议的基础上进行了拓展，使行动方案雄心勃勃且切实可行。

3.1 金融机构行动路线图

3.1.1 将《绿色发展指南》纳入项目全生命周期

《绿色发展指南》提出的“1+9”建议强调了在投资项目的不同阶段和不同部门中整合相关的标准和流程，并强调在整个投资项目生命周期中的环境影响评价和风险管理。《绿色发展指南》建议金融机构尽可能地减少环境影响，同时在项目启动、项目评估、项目实施和报告过程中使风险得到控制。表3-1概述了金融机构将“1+9”建议纳入投资项目全生命周期所需的人力资源与行动，以及预期结果和效益。

表 3-1　将《绿色发展指南》建议纳入项目全生命周期所需的人力资源与行动

<table>
<tr><th>项目阶段</th><th>目标</th><th>人力资源投入[①]</th><th>行动</th><th>预期结果</th></tr>
<tr><td>项目立项</td><td>确保开发方了解金融机构的环境、社会和治理（ESG）要求</td><td>• 尽职调查团队
• 授信部门</td><td>沟通传达相关文件和报告要求；在金融机构具有环境风险评估专业知识的前提下，鼓励企业业主的参与（没有则借助外部专家）</td><td>减少从项目启动到项目评估过程中的交易成本</td></tr>
<tr><td rowspan="3">项目评估与设计</td><td>识别所有相关环境影响</td><td>• 尽职调查团队
• 授信部门
• ESG 和企业社会责任部门</td><td>开展环境和社会影响评估（ESIA）：
• 针对某些特定行业要求开展 ESIA
• 采用项目所在国、中国和国际标准中的最高标准，特别是对"红灯"项目、"红转黄"项目和"红转绿"项目
界定 ESIA 是否需要由以下人员完成：
• 项目业主
• 第三方
• 独立的第三方
在整个项目评估和设计过程中与当地利益相关方就环境问题进行磋商</td><td>从投资项目早期阶段就开始了解潜在环境影响</td></tr>
<tr><td>确定项目替代方案</td><td>• 尽职调查团队
• 授信部门
• ESG 和企业社会责任部门</td><td>组织专家针对不同的技术和项目选址等进行评估</td><td>• 确定风险较低的替代方案
• 减少社会风险</td></tr>
<tr><td>确定建设和运营过程中要实施的环境影响缓解措施</td><td>• 尽职调查团队
• 授信部门
• ESG 和企业社会责任部门
• 风险管理部门</td><td>参考包括国际金融公司（IFC）、气候债券倡议组织（CBI）在内的国际行业指南（详见附录 2）</td><td>确定环境影响缓解措施</td></tr>
</table>

① 视各机构情况而定。

项目阶段	目标	人力资源投入[①]	行动	预期结果
项目评估与设计	确定环境影响报告指标（包括第三方对环境报告的监测、报告和核查）	• 尽职调查团队 • 授信部门 • ESG 和企业社会责任部门 • 风险管理部门	指标可以包括具体的关键绩效指标（KPI），也可以是不同维度的环境影响，如： • 环境污染 • 温室气体排放 • 废弃物 • 上游/下游的用水量/水质 • 环境事故 • 空气质量 • 土壤质量 • 生物多样性指标 • 其他	尽量全面地了解项目的环境影响
	制定基于环境绩效的优惠或奖励政策，对环境绩效不佳的项目制定约束或惩罚性条款	• 尽职调查团队 • 授信部门 • ESG 和企业社会责任部门 • 风险管理部门 • 法务部门	建立环境影响报告机制； 环境条款和基于环境绩效的优惠或奖励政策需与报告中要求披露的关键绩效指标挂钩	对环境风险的明确管理
	将所有相关程序记录在案，供未来参考	• 尽职调查团队 • 授信部门 • 法务部门	建立环境和社会影响管理系统	确保合法合规，确保符合国际融资标准
项目实施与施工	确保施工阶段实施环境影响缓解措施	• 合规管理部门 • 授信部门 • 采购部门	派出独立的顾问/审计人员对施工现场进行评估，并设置明确的环境标准	有效管理环境影响
	建立环境风险早期预警系统	• 合规管理部门 • 授信部门	设立面向公众的申诉回应机制，尽早以透明的方式处理公众申诉	直接了解项目所在地社区对项目的评价及看法，及时发现项目问题，减少因环境影响引发的社会风险

项目阶段	目标	人力资源投入[①]	行动	预期结果
项目管理与报告	定期编写环境绩效报告	• 合规管理部门 • 授信部门 • ESG 和企业社会责任部门	根据项目的环境类别，报告周期建议为： • 每季度一次（“红灯”项目、“红转黄”项目及“红转绿”项目） • 两年一次（“黄灯”项目和“绿灯”项目）	确保对项目环境绩效的了解，以监测环境影响并及时调整环境管理措施
	确保在运营阶段实施环境影响缓解措施	• 合规管理部门 • 授信部门 • ESG 和企业社会责任部门	制定明确的环境标准，并派出独立的顾问/审计人员对施工现场进行评估	有效管理环境影响
	调整环境影响衡量标准，必要时启动环境违约条款	• 合规管理部门 • 授信部门 • ESG 和企业社会责任部门 • 法务部门	如果环境绩效不符合协议要求，则需与项目业主以及参与融资的金融机构进行沟通和谈判	有效减少投资项目环境影响
项目退役/出售/转让	降低资产转让的交易成本； 减少与环境有关的法律风险	• 授信部门 • 法务部门	保持所有相关环境文件的更新和存档； 与资产的未来所有者分享项目相关环境信息	更快地进行资产交易，降低交易成本

资料来源：作者绘制

金融机构需要在项目设计初期就关注潜在投资项目的环境影响，了解环境（和社会、治理）等 ESG 风险，向项目开发者和项目公司提出要求，并建立明确的机制来评估和接收项目环境绩效报告。

《绿色发展指南》鼓励金融机构将投资重点放在投资组合中的“绿灯”项目、“黄灯”项目和转换类（例如“红转黄”和“红转绿”）项目上，不再新增“红灯”项目，逐步减少已有“红灯”项目，并设定有雄心的时间表。

3.1.2 行动路线图中的关键活动

3.1.2.1 建立排除清单

金融机构可以根据不同类型项目的环境影响制定投资“排除清单”，明确金融机构避免投资的项目类型。例如，许多开发性金融机构（如亚洲基础设施投资银行等）已经公布了排除清单，将对环境有害的项目排除在投资范围之外。同样，许多商业性金融机构也将各种存在重大环境影响的项目（如燃煤电厂等高碳排放项目）纳入排除清单。

《应用手册》鼓励金融机构根据其风险偏好，以及对实现气候和生物多样性保护的全球目标的承诺，基于环境因素制定排除项目清单。排除清单应获得高层/决策层通过并明确体现在金融机构的行业战略和业务规划中，并对排除类项目做出清晰的界定。

建立针对煤电类项目投资的排除清单是金融机构最迫切和开展较快的行动之一。中国已经进入退出境外煤电投资的转折期。2021 年 9 月 21 日，中国国家主席习近平在第七十六届联合国大会一般性辩论上发表讲话，宣布：“中国将大力支持发展中国家能源绿色低碳发展，不再新建境外煤电项目。”银行业也迅速做出反应，例如中国银行承诺自 2021 年第四季度起不再向境外新建煤炭开采和煤电项目提供融资。

在实践中，金融机构需要制定一个结构化的框架，指导和监测此类项目的退出进展（图 3-1），从而真正实现退出煤电相关投资，为退出境外煤电承诺提供金融助力。

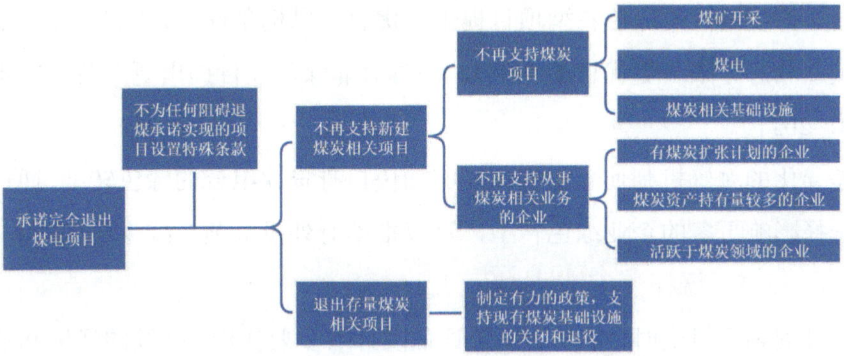

图 3-1　金融机构建立煤电行业排除清单建议框架

资料来源：Reclaim Finance，2021；作者绘制

3.1.2.2　开展环境影响评价

虽然大部分共建“一带一路”国家都要求对项目进行环境影响评价，但在东道国没有相关法律法规或者环境保护标准过低时，金融机构可以依照商务部指引，参照国际金融公司（IFC）和赤道原则金融机构绩效标准等国际最佳实践，

采用更严格的国际或国内标准，减缓或避免项目环境影响。

建议金融机构要求项目开发者通过独立的咨询机构，根据国际和/或国内的标准进行环境影响评价。这特别适用于“红灯”项目、“红转黄”项目和“红转绿”项目（概念和定义见 1.2 节）。对于高风险的“黄灯”项目，特别是那些毗邻关键生物多样性区域的项目，鼓励金融机构根据自身判断，并结合国内和/或国际标准对环境影响评价提出要求。

为了确保公众对环境影响评价的了解和认可，项目业主应按照金融机构及东道国环境法律法规要求做好环境影响评价信息公开和公众参与工作。这对于“红灯”项目、“红转黄”项目和“红转绿”项目尤为重要。此类项目往往由于在环境影响方面与公众沟通不足，引发公众的不满，产生风险，甚至导致项目失败。

3.1.2.3 实行差异化的融资条件

建议金融机构通过为“绿灯”项目和“红转绿”项目提供更为宽松的融资条件、为“红灯”项目设立更为严格的融资条件，鼓励项目开发者将投资组合转向绿色项目。例如，由亚洲开发银行（ADB）、德国复兴信贷银行（KfW）、法国开发署（AFD），以及其他金融机构共同出资的山东绿色发展基金，就为向净零排放转型力度最大的绿色转型项目提供更优惠的融资条件（更高的资金比例、更长的贷款利息年限和更优惠的利率），同时对非绿色项目提出更严苛的融资条件（ADB，2021）。

差异化的融资机制使金融机构能够加快自身贷款组合的绿色转型，通过自身投资选择影响更多的企业绿色转型，直接推动对外投资项目减少环境影响。

3.1.2.4 建立环境和社会管理体系（ESMS）

在开展项目投资时，早期的风险评估发挥着重要作用，持续的环境和社会影响管理也是保证大型项目顺利执行的重要一环。特别是基础设施项目，其生命周期通常超过 20 年，项目公司需要对项目进行持续的环境和社会影响管理。环境和社会管理体系建立得越早，相关影响就越能得到减少和控制。

金融机构要求项目公司从项目启动到施工阶段实施严格的环境与社会管理，存在以下三个重要动机：

- 促使项目公司了解项目潜在的环境社会影响，并能够识别、报告和管理相应的风险，进而**与客户（项目公司）共同履行环境社会管理责任**。

- 作为项目的主要利益相关方之一，**减少金融机构自身财务风险**。
- 在出售或转让资产时，金融机构通常希望了解项目相关环境和社会影响，并确定这些风险在未来会得到适当的管理。对于金融机构来说，高水平的环境与社会管理将使项目资产更具吸引力，**方便出售、转让**。

建议金融机构相应地要求客户定期提供环境与社会管理报告，特别是针对“红灯”项目、“红转黄”项目和“红转绿”项目的报告。理想情况下，金融机构可以将报告要求标准化，最大限度地减少金融机构内部交易成本。

3.1.2.5 建立申诉回应机制

金融机构可以通过建立透明和易于使用的申诉回应机制，强化社会和环境风险预警。这种机制是对项目业主已有申诉机制的补充，允许受项目环境（和社会）影响的利益相关方与金融机构及时、直接沟通，避免信息失衡和不对称引发社会风险，同时也是对金融机构自身风险预警体系的补充。

金融机构很难对其投资的所有项目进行实地调查，即使是已经进行了尽职调查和环境影响评价的大型项目也是如此。项目在实施过程中不可避免地会出现环境和社会方面的问题和争议，由于对当地缺乏了解，境外项目尤其容易出现此类问题（图 3-2）。申诉回应机制有助于金融机构：

- **避免冲突升级和尽早解决项目争议，减少损失**。通过允许受影响的利益相关方利用申诉渠道，而非包括诉诸媒体在内的公共渠道解决潜在的问题，金融机构能够更好地与受影响的利益相关方（包括当地相关的非政府组织）沟通，及时了解和解决项目环境和其他问题。
- **敦促客户提高管理项目环境和社会影响的能力**，实施合规政策，及时消除项目的负面影响和相关风险。
- **优化管理风险的内部系统和流程**，包括改进项目筛选、评估和实施等流程，完善信息披露，以及强化金融机构的整体风险管理能力和治理水平。

金融机构可以利用该机制对申诉做出回应和反馈，以此来达到解决争端、合规调查、补救损害和改善管理的目标。明确的流程设置可以增加对项目的信任，从而减少项目的社会风险。例如，世界银行在印度安得拉邦的公路项目规定，必须在 10 个工作日内初步答复申诉，并在 30 天内提供更详细的回应。金融机构应将这一过程对公众公布。图 3-3 显示了如何建立申诉回应机制。

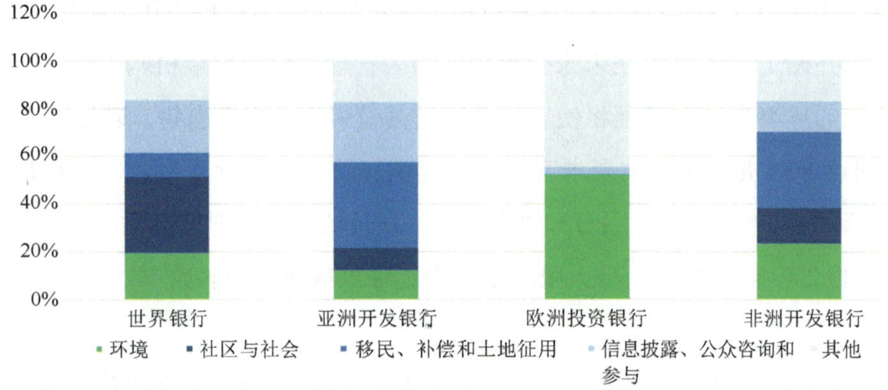

图 3-2 主要多边金融机构收到的申诉类型占比

资料来源：作者根据世界银行、亚洲开发银行、欧洲投资银行、非洲开发银行资料整理①

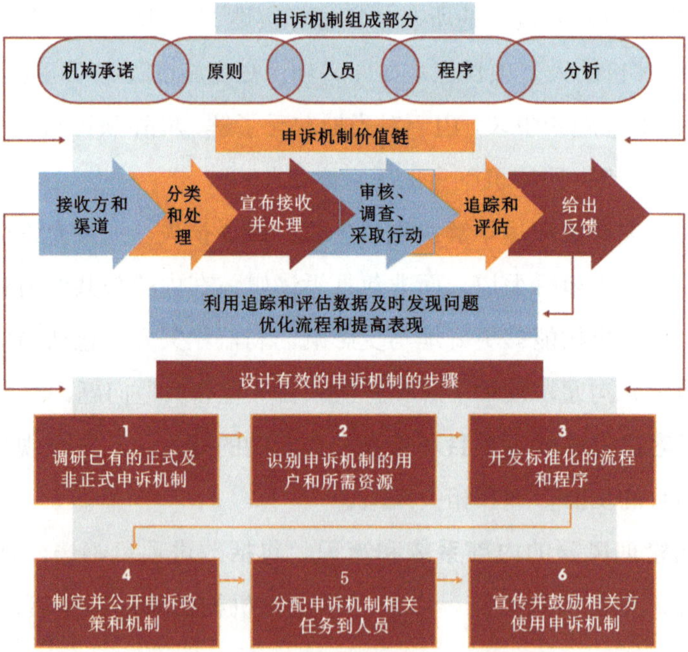

图 3-3 建立申诉回应机制的建议框架

资料来源：世界银行

① 与环境有关的问题涉及污染防治、生物多样性保护、自然资源的可持续管理与利用、气候、职业和社区健康与安全，以及物质文化资源的保护。由于报告的差异，这些案例统计年限有所不同：世界银行为 1995 年至 2020 年 6 月 30 日，亚洲开发银行为 2004 年至 2021 年 3 月 31 日，欧洲投资银行为 2016 年至 2020 年，非洲开发银行为 2006 年至 2020 年。

3.1.2.6 设立保障环境合规的承诺性条款

环境承诺条款是金融机构在项目投资（特别是债务投资）中管理财务风险的一个重要工具。此类条款使金融机构在客户环境违约时可以：

- 获得对有形项目资产、合同和保险单的抵押权和质押权。
- 转让特殊目的的公司（SPV）的股份。
- 通过账户协议对项目收入和现金流进行控制。
- 拥有介入项目的权利，以便在违规情况发生时及时督促采取补救措施，修正环境管理问题。这也使贷款方可以将合同转让给第三方。

如果金融机构发现项目公司违反商定的环境和社会保障措施，可以采取相应措施限期改正。在极端情况下，金融机构可宣布项目违约，停止对环境管理不当的项目提供资金。

3.1.2.7 环境报告公开与信息披露

建议金融机构对其境外投资项目在内的投资组合环境绩效进行公开报告，提高环境信息的透明度。这不仅可以让金融机构在投资组合中横向比较项目绩效，还可以帮助金融机构识别并降低环境影响带来的各类风险。

环境报告应力争标准化，从而提高可比性。这些环境信息可以包括不同类型（“红灯”“黄灯”“绿灯”和“转换类”）项目在投资组合中的份额、数量和资金量，以及相关排放数据、生物多样性数据、环境影响评价结果等。

3.1.2.8 加强国际合作

金融机构可以与相关国际机构分享环境数据，支持全球气候和生物多样性数据库的建立和更新。例如，赤道银行按照“赤道原则”要求，分享其投资的气候和生物多样性数据。金融机构也可以积极参与全球环境合作倡议，增强与其他金融机构及利益相关方的交流。

3.2 金融机构在项目环境影响自评估中的作用

3.2.1 制定激励措施

金融机构在“一带一路”建设项目分级分类体系中发挥着重要作用，是多方协调行动中的重要环节。虽然项目环境影响评价的主要责任在于项目公司或开发者[①]，但是由于金融机构承担着项目大部分的财务风险，对降低项目的环境影响有着必然需求，因此也需要对项目的环境影响评价进行指导和核查。

《绿色发展指南》提出的项目分级分类体系通过建立对环境风险的统一认识，推动项目公司为达到金融机构要求进行项目环境评估。在分级分类体系的支持下，金融机构可以鼓励项目公司按照统一的标准对项目风险（包括环境风险）进行自评估和报告，并与项目业主密切合作，尽早评估和采取措施降低环境影响。必要情况下，金融机构可以在项目启动阶段、建设阶段、运营阶段等不同阶段进行独立的环境影响评估。

通过激励客户进行项目环境影响自评价，金融机构可以利用更加高效的方式改善环境绩效。虽然独立的项目评估是降低环境影响的重要工具，但挑战在于独立评估的成本较高。因此，金融机构应通过设立激励机制，鼓励项目公司在业务中充分考虑环境影响，在项目内部就尽可能严格地评估、管理和报告环境影响。这样的激励措施可以包括：

- **设立透明一致的绩效要求，并与客户及时沟通。**建议金融机构提出明确的环境影响管理要求、准则和绩效标准，并尽可能在早期项目评估阶段明确传达这些标准和要求。这可以使客户企业尽早了解金融机构对项目的要求，使环境管理和绩效监督的责任和收益在金融机构与客户之间能够合理调整和有效分配。
- **提供财务激励。**这包括根据环境绩效调整融资条件，如将融资成本与可持续指标挂钩、为环境绩效好的项目提供较市场利率更低的贷款等。
- **为环境绩效好的项目降低交易成本。**相对地，提高环境绩效差、环境风险管理欠缺的项目的交易成本，如规定这些项目按照更高要求提交环境报告等。

3.2.2 评估和核实项目的自评估结果

除了激励客户企业对其项目进行分级分类外，金融机构还需要充分了解分级分类体系，核实客户的评估结果，并在必要时开展独立评估。

金融机构需要对项目的自评估结果进行再评估或核实，避免或降低项目环境

① 取决于项目公司是否已经成立。

影响。金融机构往往处于项目风险传导的最后一环，项目风险最终在金融机构累积。在环境问题可能引发的违约情况下，往往是金融机构而非项目公司承担最终后果，这就需要金融机构了解其投资项目并相应地管理每个项目的风险。《绿色发展指南》和《应用手册》建议金融机构：

- **了解各产业部门和行业的具体风险和缓解措施。**2.2 节和附录 2 提供了不同行业的相关标准、项目生命周期内的潜在环境影响，以及减缓影响的可行措施。
- **组织内部团队和聘请独立第三方在项目早期开展环境影响审计。**国际上有许多环境审计公司为不同行业和地区提供项目尽职调查服务。在要求客户公司进行项目分级分类的同时，对“红灯”项目和“转换类”（如“红转黄”和“红转绿”）项目等环境影响较高的项目类别，需始终进行独立评估。
- **针对银团贷款的情况，指定一家牵头金融机构。**被指定的金融机构将承担更多的责任，（有偿）对银团贷款项目的环境风险评估和报告进行再评估和核实，但这不应影响每家参与投资的金融机构承担环境影响管理的责任。

3.2.3 差异化管理

在收到客户对项目环境影响的自评估并完成核查后，金融机构需将项目分级分类结果对接到自身的环境和社会风险管理体系（ESMS）。分级分类自评估的结果包括项目类别、识别并记录的所有环境风险、商定的风险缓解措施和关键绩效指标等。这样做的目的是跟踪项目在整个生命周期内的环境绩效，并与商定的条款相比较，同时也便于金融机构横向比较各个投资项目的环境绩效。

这对于那些“转换类”的“红转黄”和“红转绿”项目尤为重要。这些项目需要应用环境保障措施进行环境影响管理，以改善环境绩效、降低可能的风险，从而获得更加有利的融资条件。当项目约定的环境绩效和实际情况之间出现重大偏差时，金融机构可以采取相应措施，如触发环境违约条款等，及时修正环境违规行为。

建议金融机构对不同类型的项目实行差异化管理。加快金融机构投资组合绿色化的一个核心考虑因素，是通过金融机构向绿色项目的倾斜，促使企业转向绿色领域，投资和开发那些在“两轮评估流程”的第一阶段就被分类为“绿灯”类的项目，和/或那些由于项目的具体环境保障措施和环境管理而在第二阶段评估中达到绿色（如“红转绿”类）的项目。2.2 节详细介绍了“两轮评估流程”的具体内容。

继“实行差异化的融资条件”外，表 3-2 进一步说明了不同项目类别适用的管理条件。其中，金融机构可以为“绿灯”项目提供最佳融资条件和最简化的评估要求，鼓励绿色项目投资和开发；为“红转绿”项目提供最佳融资条件，并通过严格的评估、环境风险管理和环境影响报告要求，持续监督项目；为“红灯”项目设置较高的融资成本，同时执行严格的风险评估、风险管理和报告要求。

表 3-2　不同类别项目的差异化管理措施

	红灯	黄灯	绿灯	红转黄	红转绿
融资条款（如贷款利率、期限、延期还款规定等）	**最差**	**中等**	**最佳**	**中等**	**最佳**
评价要求	**严格。**如基于国际最佳实践标准（国际金融公司绩效标准）等	**中等。**如基于中国或国际最佳实践标准	**最简化。**至少遵循当地法律法规	**严格。**如基于国际最佳实践标准（国际金融公司绩效标准）等	**严格。**如基于国际最佳实践标准（国际金融公司绩效标准）等
环境管理要求	**严格。**如基于国际最佳实践标准（国际金融公司绩效标准）等	**中等。**如基于中国或国际最佳实践标准	**最简化。**至少根据当地法律法规	**严格。**如基于国际最佳实践标准（国际金融公司绩效标准）等	**严格。**如基于国际最佳实践标准（国际金融公司绩效标准）等
环境报告要求	**非常严格。**如每 1 至 3 个月报告详细的关键绩效指标或环境影响数据	**中等。**如根据环境影响数据每 6 个月进行一次报告	**最简化。**如根据环境影响数据或关键绩效指标每 6 个月进行一次报告	**严格。**如每 3 至 6 个月进行一次报告	**非常严格。**如每 1 至 3 个月报告详细的关键绩效指标或环境影响数据

资料来源：作者绘制

金融机构需要在项目早期启动阶段和签署有关条款之前，就与客户明确沟通这些要求。金融机构还可以帮助项目开发者评估项目的绿色替代方案，以改善整体融资条件。

3.3 引领国际项目标准的制定

全球范围内，各国金融机构正在努力通过各种措施减少环境影响。其中一些措施是由政府推动的（如欧盟的《可持续金融披露条例》），一些措施来自行业或专业协会的倡议（如赤道原则、气候相关财务信息披露工作组、自然相关财务信息披露工作组、负责任投资原则等），还有部分直接由金融机构主导和推动（如法国巴黎银行、荷兰 ASN 银行的生物多样性相关框架等）。

中国的金融机构可以在设立绿色最佳实践和制定环境管理相关标准方面发挥更加积极的作用。目前，中国的金融机构往往在国际倡议中没有足够的话语权。中国金融机构是“一带一路”项目的主要投资者，可以利用其在全球项目投资方面积累的实践和经验，在以下两个重要方面做出贡献，并从中受益：

（1）**通过严格的风险管理框架**降低自身投资组合中的环境影响。

（2）**加快与国际金融机构合作**，在联合投资中坚持高标准，降低投融资的交易成本和风险。

中国的金融机构可以基于《绿色发展指南》建议的框架，进一步创新和扩展。目前涉及新兴市场投融资的已有标准，如赤道原则和大多数金融机构（如国际金融公司、世界银行）的环境保障和绩效标准，大多针对商业和开发性金融机构，旨在减少特别是环境立法和执法相对较弱的新兴国家的环境风险。因此，中国金融机构可以在以下方面探索和创新：

（1）**强化现有标准**。任何致力于制定国际项目标准的“雄心”都应提高现行标准，而非削弱现行标准。

（2）**兼顾适用性和标准化**。任何新标准都需要适用于金融机构的具体情况，同时具备一定的标准化水平。

《绿色发展指南》为境外项目投融资标准的制定打下了基础。“1+9”建议充分参考了全球项目融资环境管理和绿色金融的最佳实践，强调了跨标准的协调统一。同时，《绿色发展指南》通过整合中国国内的实践经验（如《绿色信贷指引》的有关规定和《绿色债券支持项目目录》的项目分类逻辑），为推动全球新兴市场项目投融资前沿标准的发展提供实践经验。具体而言，《绿色发展指南》提出了：

- “绿灯”项目（即鼓励合作类项目）清单。
- “红灯”项目（即重点监管类项目）清单。
- 根据项目特点和项目实施情况对项目进行的“两轮评估流程”，提高标准在当地的适用性。
- 从污染防治、气候变化减缓和生物多样性保护三个环境维度进行整体环境评估。
- 统一全球绿色金融和绿色项目投融资标准。
- 强调监管机构、金融机构和项目开发者的责任和协同行动。

中国的金融机构、监管者和利益相关方应用《绿色发展指南》并积极创新，可以更好地发挥领导作用，为全球境外项目绿色投融资的标准制定做出贡献。这将有助于切实实现“一带一路”建设中“拓宽融资渠道，降低融资成本，欢迎多边和各国金融机构参与投融资合作”的倡议[①]。

① 习近平在第二届“一带一路”国际合作高峰论坛记者会上的讲话，2019 年 4 月 27 日，北京，http://cpc.people. com.cn/n1/2019/0428/c64094-31053842.html.

4　政策支持与行动建议

《绿色发展指南》为中国和“一带一路”项目所在国提供了加速“一带一路”绿色发展的框架。《绿色发展指南》提出的“1+9”建议在企业和金融机构的应用离不开政策的支持和引导，从《应用手册》推广、《绿色发展指南》完善、共建“一带一路”国家项目绿色发展以及国际合作的实践需求出发，本研究面向政府部门提出以下四方面建议。

4.1　促进《应用手册》实践推广

建议在《绿色发展指南》提供的一套统一的概念和体系基础上，发挥政策协同增效作用，加强生态环境部门与金融管理部门、对外投资部门、产业发展部门在推动绿色金融与加强环境管理方面的政策对接，更大力度地实现“一带一路”绿色发展承诺。具体关注以下三个方面：

（1）发挥政策协同作用有赖于政策制定和监管部门间**充分且持续地共享“一带一路”环境和投资信息**。参与“一带一路”项目的投资者和相关方接受不同部门的指导和监管，只有环境绩效、投资行为和风险评估等信息得到及时沟通，才能更有效地支持和保障各项具体政策取得最佳效果。

（2）分级分类体系以颜色标记的形式，为不同政策和监管部门对“一带一路”项目环境影响评价、潜在风险管理和绩效监测提供了**具有一致性的参考**。这将有助于项目审批流程的优化，例如，在纳入项目环境风险相关考量的前提下，加快对“绿灯”项目的审批速度，加强对“红灯”项目、“红转黄”项目和“红转绿”项目的监管，加大对“红灯”项目退出的指导力度，以及在投资决策中增加环境要素的权重。

（3）探索和推广绿色解决方案也需要**跨部门的协调协作**。特别是对“红灯”项目环境社会管理和项目改造升级的支持与指导力度，在很大程度上取决于环境和产业技术应用、激励机制创新以及绿色金融支持水平。统筹与调动各个政策和监管部门的绿色发展专业知识与资源，有助于大幅加快绿色解决方案的开发进展。

4.2 丰富《绿色发展指南》内容设计

目前，决策结构和方法学是《绿色发展指南》和《应用手册》首要聚焦的议题。后续仍需从实践出发，进一步完善项目分级分类标准，设计开发更加详尽的行业指南和技术支持工具，推动提升“一带一路”投资和建设项目环境管理绩效，以及“一带一路”项目投资者环境管理能力和水平。具体可从以下两方面入手。

（1）持续聚焦“转换类”项目的升级转型。一方面，目前《绿色发展指南》和《应用手册》提供的“红灯”项目和“转换类”项目清单及影响缓解措施涵盖了部分行业，可进一步扩大到更多具体细分领域。另一方面，对于“绿灯”项目进行更加精细化的管理，确保其严格符合项目分级分类的五项基本原则（2.2 节）。可对“绿灯”项目可能存在的违反上述基本原则的行为划出红线，提醒各利益相关方“绿灯”项目（如太阳能热发电、风力发电等）也可能因为环境管理力度不够而面临“降级”。

（2）收集具体案例，树立优秀实践典范。鼓励《绿色发展指南》在各类型投资者（如开发性和政策性银行、商业性金融机构等）、行业、地区国别的应用和经验总结。这将支持扩大示范、积累知识和建立伙伴关系，以促进更广泛的绿色金融能力提升。不断丰富的案例积累将促进《绿色发展指南》的推广应用，为在更多共建国家建立自愿的共同学习模式提供一套有参考价值的范本。

4.3 支持共建国家项目绿色发展

《绿色发展指南》在缓解和管理项目环境影响方面的建议，可以为东道国优化项目环境影响管理与监管框架提供参考。对于环境治理水平相对较薄弱的共建“一带一路”国家而言，提高外商投资环境管理标准和质量是一个相对复杂的过程。这涉及众多投资者和复杂的投资活动，既需要强调标准的协调与包容性，又需要考虑当地文化、习俗和政策要求的独特性，并将其纳入项目建设、运营和管理等整个生命周期。在《绿色发展指南》推动下，东道国可以与国际投资者、监管部门一起，交流并加强环境管理能力建设。

《绿色发展指南》和《应用手册》有利于培育本土合作伙伴，与国际投资者一道，为东道国绿色发展提供多样化、低成本的融资。投资者的行动趋势表明，绿色低碳发展正成为投资者和项目东道国之间对话的重要组成部分。随着越来越多的投资者退出“红灯”项目投资或致力于项目转型，东道国政府可以借助这一趋势，基于项目分级分类体系并结合国内气候和生态环境目标、转型路径及产业规划等，**探索对项目进行分类，培植、引导、优先发展绿色项目（如“绿灯”项目和“红转绿”项目），为绿色项目创造更有利的投资和开发建设环境**，包括更好的融资条件（如简化的行政程序）、更合理的监管框架、更有吸引力的激励措施等，以吸引资金进入绿色项目。东道国还可以参考《绿色发展指南》的国际经验和建议，改善本国金融机构、融资机构与企业的绿色行动承诺和可持续发展实践。

4.4 加强国际合作

利用好“一带一路”绿色发展国际联盟（BRIGC）与“一带一路”绿色投资原则（GIP）两个多边合作平台，加强国际交流合作。在此基础上，进一步协调发挥亚洲基础设施投资银行、国家开发银行、丝路基金等金融机构的重要作用，依托《绿色发展指南》，打造“一带一路”建设绿色示范项目，推动共建“一带一路”国家环境风险意识和环境管理水平的提高。

发挥东道国政府的关键作用。建议由东道国政府牵头，搭建以东道国政府和项目所在地惯用语言为载体的信息交流平台，及时与国际投资者交流绿色投资机会，分享有助于绿色投资决策的信息，整合包括监管和行政管理要求、重大项目动态、投资需求等在内的信息，提供便捷的“一站式”服务。对内，促进东道国本土文化、习俗和政策要求深度融入项目建设、运行、管理全生命周期，支持境外企业、金融机构等“一带一路”投融资参与方履行社会责任；对外，促进国际投资者、东道国政府及项目所在社区间的信息沟通，提升国内受影响群体和利益相关方的参与水平。

附　录

附录 1　定义和相关概念

本研究在对项目进行分类时定义了以下术语。

污染

根据 2019 年联合国相关决议，“污染”可定义为在环境中引入危害人类健康、自然资源和生态系统的物质①，包括空气污染、淡水污染、土壤污染、海洋和近海污染，以及化学品和废物等跨领域类别②。其中，空气污染物的定义与世界卫生组织概念一致，即包括颗粒物、臭氧、二氧化氮、二氧化硫等会对人体健康造成负面影响的物质③。

气候变化

《联合国气候变化框架公约》和政府间气候变化专门委员会研究表明，截至 2020 年，人类经济活动产生的各类温室气体预计已造成了较前工业时期水平近 1.1℃的全球升温④。更多的温室气体排放将加剧全球升温的风险，从而对人类生存、环境和生态系统产生负面影响。《联合国气候变化框架公约》定义了 7 种温室气体，分别是二氧化碳（CO_2）、甲烷（CH_4）、氧化亚氮（N_2O）、氢氟碳化物（HFCs）、全氟化碳（PFCs）、六氟化硫（SF_6）和三氟化氮（NF_3）。

生物多样性

《生物多样性公约》（CBD）将“生物多样性”定义为所有来源的活的生物体中的变异性，这些来源包括陆地、海洋和其他水生生态系统及其所构成的生态

---

① 国家地理学会．污染[EB/OL]．（2011-08-18）[2022-11-10]，http://www.nationalgeographic.org/encyclopedia/pollution/.

② 联合国环境署联合国环境大会．迈向零污染的地球——执行计划，UNEP/EA.4/3 §（2019）[EB/OL]．[2022-11-10]. https://papersmart.unon.org/resolution/uploads/k1804190.pdf.

③ 世界卫生组织（WHO）．世界卫生组织|大气污染：污染物[EB/OL]．（2020-06-28）[2022-11-10]. http://www.who.int/airpollution/ambient/pollutants/en/.

④ 政府间气候变化专门委员会（IPCC）．气候变化广泛、迅速且不断加剧[EB/OL]．（2021-08-09）[2022-11-10]. https://www.ipcc.ch/ 2021/08/09/ar6-wg1-20210809-pr/.

综合体，即包括了物种内部、物种之间和生态系统的多样性[①]。《生物多样性公约》共有三大目标，即保护生物多样性、可持续利用生物多样性，以及公正合理分享利用遗传资源所产生的惠益[②]。这些目标通过“爱知目标”正式确定，目前正在就形成2020后框架进一步谈判修订。“保护生物多样性，维持生态系统服务和生物自然资源的可持续性管理”[③]也是“一带一路”投资应遵循的基本原则。

重大负面环境影响

重大负面环境影响是指环境条件的大规模、永久性或几乎永久性的改变。判断环境影响是否重大的标准包括以下几个方面[④]：

- 影响的延伸扩散程度。例如，项目对周围环境的直接影响超越项目本身的微环境范围，或通过上下游活动等相关联的其他项目和活动间接影响环境。
- 影响的持续时间。例如，考虑项目全生命周期（施工、运营、退役）内产生的生态环境影响在一定时间段内是否可逆。
- 受影响地区的敏感程度。例如，项目是否侵占自然保护区，受影响的栖息地是否可以完全重建或以可持续的方式迁移。
- 影响的可管理性。例如，是否可以通过具有经济可行性的措施避免或减轻项目对环境的潜在影响。
- 事故风险。例如，项目是否会因防浪堤坍塌、爆炸等突发事故而引发严重的环境影响。

不可逆转性

不可逆转性指的是野生动植物永久破坏的风险、物种灭绝的风险，或永久改变原始环境的风险，特别是至少在一定时间范围内不可能或极难恢复现状的情况[⑤]。虽然“不可逆转性”这一概念难以界定，但1992年联合国会议通过的《预

① 生物多样性公约（秘书处）. 联合国生物多样性公约，公约正文[EB/OL].（2006-11-02）[2022-11-10]. https://www.cbd.int/convention/articles/?a=cbd-02.

② Sharon Brooks，et al. 在标准中整合生物多样性与生态系统服务考量最佳政策指南（生物多样性公约）[EB/OL]. 2014. https://www.cbd.int/doc/publications/cbd-ts-73-en.pdf.

③ 国际金融公司. 绩效标准6：生物多样性保护和生物自然资源的可持续管理（华盛顿：世界银行集团，2012年1月）.

④ 基于对多项金融机构有关环境与社会风险管理框架和联合国开发计划署《环境社会筛选程序》（2016）的研究得出。

⑤ Case Sunstein，不可逆环境损害的两个概念，工作文件（芝加哥：芝加哥大学法学院，2008），https://chicagounbound.uchicago.edu/cgi/viewcontent.cgi?article=1362&context=public_law_and_legal_theory.

防原则》给出了基础性的定义，即"在存在严重或不可逆转损害的威胁时，不得以缺乏充分的科学确定性为理由推迟采取成本效益高的措施来防止环境退化"[①]。三个环境维度的积极贡献和重大负面环境影响的概念见表附-1。

表附-1　三个环境维度的积极贡献和重大负面环境影响的概念

	污染防治	气候变化减缓	生物多样性保护
积极贡献	与现有环境状况相比，项目极大促进了污染的大幅度减少	项目促进了符合《巴黎协定》低碳发展路径的经济活动，同时： • 不会扩大破坏《巴黎协定》的行业或延长此类项目的生命周期 • 不直接支持破坏《巴黎协定》的行业相关联的其他行业或支撑技术	项目有助于实现《生物多样性公约》框架目标和/或与现状相比，有助于提高生物多样性
重大负面环境影响	项目有可能使污染现状明显恶化	项目以如下形式违背《巴黎协定》： • 直接的高强度温室气体排放 • 间接为严重阻碍《巴黎协定》目标实现的项目提供支持 • 阻碍气候变化缓解措施的应用	项目有可能使生物多样性出现严重恶化

资料来源：作者绘制

① 联合国大会．里约环境与发展宣言，A/CONF：151/26（Vol. I）§（1992）[EB/OL]. https://www.un.org/en/development/desa/population/migration/generalassembly/docs/globalcompact/A_CONF.151_26_Vol.I_Declaration.pdf.

附录 2 “一带一路”项目分级分类清单

以下项目清单按不同行业（如能源、运输、制造业）进行分列呈现。在每个行业中，本研究对不同的项目类型进行评估，例如太阳能光伏发电是能源行业的一个项目类型。对于每一个项目类型，本研究按一定规范划分项目类型（例如，“绿色客运轨道交通（城际）”项目类型为电气化运输，而“客运轨道交通（城际）”为非电气化运输。第一轮分类根据项目特征可将各项目类型初步划分为“红灯”“黄灯”“绿灯”中的一类。“黄灯”和“红灯”项目可采用**“缓解措施”**对项目影响进行减缓和补偿，第二轮评估后在**“采取缓解/补偿措施后的分类”**一栏显示调整后类别。**“参考来源”**一栏提供了所参考的文件。

例如，“绿色客运轨道交通（城际）”项目类别为“红灯”项目，依据为线性基础设施建设对生物多样性带来潜在负面影响这一项目特征。但是，如果项目通过应用国际金融公司绩效标准 6 等环境管理措施，充分缓解对生物多样性的影响，则可根据其对低碳交通系统的积极贡献，将项目二次评估为“红转绿”项目。另一个例子是“客运轨道交通（城际）”，此类别项目同样因为对生物多样性的潜在负面影响而被划分为“红灯”项目。通过评估缓解/补偿措施，项目仅有可能调整为“红转黄”项目。这是因为虽然项目没有重大环境危害，但由于其非电气化的性质，对低碳交通系统没有贡献，不能满足成为“红转绿”项目的条件。

表附-2 “一带一路”项目环境正、负面清单

行业	项目类型	详细说明	分类	采取缓解/补偿措施后的分类	参考来源
基础设施——能源					
可再生能源	建设和运营太阳能光伏发电设施	太阳能发电设施包括太阳能光伏发电设施和太阳能热发电设施。其中，太阳能光伏发电设施选用的组件产品应满足以下要求 • 多晶硅电池和单晶硅电池的最低光电转换效率应分别不低于 19%和 21% • 多晶硅电池组件和单晶硅电池组件的最低光电转换效率应分别不低于 17%和 17.8% • 硅基、CIGS、CdTe 及其他薄膜电池组件的最低光电转换效率应不低于 12%、14%、14%、12% • 多晶硅电池组件和单晶硅电池组件的衰减率第一年应不高于 2.5%和 3%，以后每年增长不高于 0.7%，25 年内总衰减率不高于 20%；薄膜电池组件的衰减率第一年不高于 5%，以后每年增长不高于 0.4%，25 年内总衰减率不高于 15%			气候债券倡议组织、中国人民银行、欧盟、可持续发展会计准则委员会
	建设和运营水电设施	明确由于洪水造成的碳排放量［如气候债券倡议组织：功率密度＞5 W/m^2，预计水库排放强度＜100 $gCO_2e/(kW\cdot h)$］ 缓解措施：应用国际相关水电环境、健康和安全标准对环境损害进行缓解措施分级（如国际金融公司 2015 年水电标准）			气候债券倡议组织、中国人民银行、欧盟、可持续发展会计准则委员会
	建设和运营风电设施	明确鸟类迁徙区域、设计标准、国家标准、ISO 标准或其他地方相关标准			气候债券倡议组织、中国人民银行、欧盟、可持续发展会计准则委员会

行业	项目类型	详细说明	分类	采取缓解/补偿措施后的分类	参考来源
可再生能源	建设和运营地热发电设施	工程建设、运行和维护中无温室气体逸散排放（如欧盟标准）；地热能开采设施：建造和运营利用热泵等技术提取浅层地热能（包括岩土热源、地下水热源、地表水热源等）的供热制冷设施；利用中高温地热、中低温地热、干热岩等地热资源发电设施的建设和运行			气候债券倡议组织、中国人民银行、欧盟、可持续发展会计准则委员会
化石燃料	建设和运营燃煤电厂				气候债券倡议组织、中国人民银行、欧盟、可持续发展会计准则委员会
	现有燃煤电厂改造	延长燃煤电厂寿命的技术			气候债券倡议组织、中国人民银行、欧盟、可持续发展会计准则委员会
	建设和运营燃气发电厂及相关设施，如输电和储气设施等	由于其碳排量相对较高，只有在没有其他基线能源供应的情况下，燃气能源可被视为一种过渡技术 缓解措施：应用碳捕集、利用与封存技术，使碳排放达到 100 g/（kW·h）以下			气候债券倡议组织、中国人民银行、欧盟、可持续发展会计准则委员会
电网	建设和运行小微电网	与上述绿色能源相连接，且不与化石燃料备用发电相连。设备综合能效应不低于 70%；建设和运行多能源互补系统，提高区域电网接纳风电、太阳能等存在供应间隔的可再生能源的能力。风电的系统损耗率应控制在 5%以内，太阳能的系统损耗率应控制在 3%以内			气候债券倡议组织、中国人民银行、欧盟、可持续发展会计准则委员会
基础设施——废弃物					
废弃物能源化利用	建设和运营废物-能源转化设施	注意污染防控			气候债券倡议组织、中国人民银行、欧盟、可持续发展会计准则委员会、国际金融公司、德国国际合作机构、联合国开发计划署

行业	项目类型	详细说明	分类	采取缓解/补偿措施后的分类	参考来源
基础设施——交通					
客运交通	绿色客运轨道交通（城际）的建设和运营	已电气化或计划在 5 年内实施电气化的项目为绿色 缓解措施：严格保护生物多样性，最大限度地减少对生物多样性的影响（如国际金融公司绩效标准 6）			气候债券倡议组织、中国人民银行、欧盟、可持续发展会计准则委员会、国际金融公司、德国国际合作机构、联合国开发计划署、ISO 14040 环境管理 生命周期评价 原则与框架、ISO 14044 环境管理 生命周期评价 要求和指南
	客运轨道交通（城际）的建设和运营	未实现电气化且排放量超过 50 gCO_2/客千米（平均） 缓解措施：严格保护生物多样性，最大限度地减少对生物多样性的影响（如国际金融公司绩效标准 6）			气候债券倡议组织、中国人民银行、欧盟、可持续发展会计准则委员会、国际金融公司、德国国际合作机构、联合国开发计划署、ISO 14040 环境管理 生命周期评价 原则与框架、ISO 14044 环境管理 生命周期评价 要求和指南
	公共交通（城市）的建设和运营	如地铁、轻轨、快速公交、公交专用道等			气候债券倡议组织、中国人民银行、欧盟、可持续发展会计准则委员会、国际金融公司、德国国际合作机构、联合国发展署、ISO 14040 环境管理 生命周期评价 原则与框架、ISO 14044 环境管理 生命周期评价 要求和指南

行业	项目类型	详细说明	分类	采取缓解/补偿措施后的分类	参考来源
地面货运	货运铁路运输的建设和运营	不运输化石燃料、电气化或现有计划在5年内实施电气化 缓解措施：严格保护生物多样性，最大限度地减少对生物多样性的影响（如国际金融公司绩效标准6）			气候债券倡议组织、中国人民银行、欧盟、可持续发展会计准则委员会、国际金融公司、德国国际合作机构、联合国开发计划署、ISO 14040环境管理 生命周期评价 原则与框架、ISO 14044环境管理 生命周期评价 要求和指南
	运送化石燃料的货运铁路的建设和运营	只用于替代现有的公路化石燃料运输，只用于2020年前已建成的设施 缓解措施：严格保护生物多样性，最大限度地减少对生物多样性的影响（如国际金融公司绩效标准6）			气候债券倡议组织、中国人民银行、欧盟、可持续发展会计准则委员会、国际金融公司、德国国际合作机构、联合国开发计划署
	城市道路货运服务	运输车辆燃油标准低于欧四/国四标准（或当地适用的类似标准）			气候债券倡议组织、中国人民银行、欧盟、可持续发展会计准则委员会、国际金融公司、德国国际合作机构、联合国开发计划署
	城市道路货物运输服务良好实践	运输车辆燃油标准高于欧四/国四标准（或当地适用的类似标准）			气候债券倡议组织、中国人民银行、欧盟、可持续发展会计准则委员会、国际金融公司、德国国际合作机构、联合国开发计划署

行业	项目类型	详细说明	分类	采取缓解/补偿措施后的分类	参考来源
地面货运	绿色城市道路货运服务	运输车辆燃油标准高于欧六/国六标准（或当地适用的类似标准）			气候债券倡议组织、中国人民银行、欧盟、可持续发展会计准则委员会、国际金融公司、德国国际合作机构、联合国开发计划署
	公路客运电气化基础设施和系统的建设和运营，包括公共和私人交通	客运电气化50%以上的电力须来自绿色能源，并设有实现100%采用绿电的时间规划			气候债券倡议组织、中国人民银行、欧盟、可持续发展会计准则委员会、国际金融公司、德国国际合作机构、联合国开发计划署
港口和水路货物运输	为化石燃料提供运输、储存服务的港口和配套设施				气候债券倡议组织、中国人民银行、欧盟、可持续发展会计准则委员会、国际金融公司、德国国际合作机构、联合国开发计划署
	不为化石燃料提供运输、储存服务的港口和配套设施	港口使用清洁燃料，实施了污染防控措施，尽量减少对海洋生物、海岸线生物多样性的损害，并开展了恰当的事故风险管理等 缓解措施：严格保护生物多样性，最大限度地减少对生物多样性的影响（如国际金融公司绩效标准 6）；最大限度地减少污染排放，严格控制污染（例如，根据《国际防止船舶造成污染公约》附件六规定，国际海事组织排放控制区内船舶燃料含硫量不得超过 1%）；需针对漏油和压舱水处理采取预防和紧急措施（《国际防止船舶造成污染公约》第 73/78 号附件Ⅰ～Ⅵ）			气候债券倡议组织、中国人民银行、欧盟、可持续发展会计准则委员会、国际金融公司、德国国际合作机构、联合国开发计划署、国际海事组织、《国际防止船舶造成污染公约》

行业	项目类型	详细说明	分类	采取缓解/补偿措施后的分类	参考来源
港口和水路货物运输	绿色港口和港口全面升级	绿色定义：符合生物多样性保护、污染和排放控制以及环境风险管理方面的国际标准（如遵守《国际防止船舶造成污染公约》、国际海事组织相关标准、《联合国海洋法公约》，使用液化天然气作为燃料、岸上供电、减少噪声影响等） 缓解措施：严格保护生物多样性，最大限度地减少对生物多样性的影响（如国际金融公司绩效标准 6）；最大限度地减少污染排放，严格控制污染（例如，根据《国际防止船舶造成污染公约》附件六规定，国际海事组织排放控制区内船舶燃料含硫量不得超过 1%）；需针对漏油和压舱水处理采取预防和紧急措施（《国际防止船舶造成污染公约》第 73/78 号附件 Ⅰ～Ⅵ）			气候债券倡议组织、中国人民银行、欧盟、可持续发展会计准则委员会、国际金融公司、德国国际合作机构、联合国开发计划署、国际海事组织、《国际防止船舶造成污染公约》
农业和土地利用——林业					
林业	复原、再造林、植树造林、森林管理	对水土流失、荒漠化、盐碱化、石漠化严重的耕地有计划、有步骤地停止耕种，保护生态环境，因地制宜地进行草地、林场恢复，恢复植被，抑制生态环境恶化；非单一种植，以当地物种为主，进行可持续性管理			中国人民银行、银保监会、欧盟
	植树种草、种植苗木花卉，供休闲用途	对水土流失、荒漠化、盐碱化、石漠化严重的耕地有计划、有步骤地停止耕种，保护生态环境，因地制宜地进行草地、林场恢复，恢复植被，抑制生态环境恶化；非单一种植，以当地物种为主，进行可持续性管理			中国人民银行、银保监会、欧盟
农业和土地利用——农业					
畜牧养殖业	大规模牲畜养殖和畜牧业	风险包括牲畜的液体废物（如粪尿混合废物）和含有抗生素、激素、杀虫剂的营养物质导致环境污染的风险；因清理牧场而造成的森林砍伐和荒漠化的风险；对水的高需求；牲畜增加直接排放的风险 缓解措施：融入更广泛的土地利用理念，增加环境良性互动；规定每平方米畜禽粪便限值；零容忍点源污染，不将粪便排入地表水体；执行营养管理计划			联合国粮农组织、欧盟

行业	项目类型	详细说明	分类	采取缓解/补偿措施后的分类	参考来源
畜牧养殖业	绿色养殖业	不将高碳存量土地转为饲料作物种植土地 • 通过适当的管理实践（如肠道发酵、农业土壤管理、粪肥管理）避免或减少温室气体排放（包括投入） • 较初始排放量而言，一段时期内温室气体排放量减少 • 废物回收利用总量 • 严防物种入侵 • 应用联合国粮农组织畜牧业标准（如8378和相关标准）			联合国粮农组织、欧盟
农业和土地利用——基于自然的解决方案					
农业	种植和管理基于自然的解决方案、自然气候解决方案（如红树林）	基于自然的解决方案（如红树林）替代灰色基础设施，和/或降低能源使用量，保护海岸线，改善水质等			联合国粮农组织、联合国、保尔森中心
采矿业工业——采矿业					
采矿业	煤矿的建设和运营	由于采煤的主要用途是支持燃煤电厂开发运营，采煤属延长燃煤电厂生命周期的做法			欧盟
	矿场的建设和运营	风险包括：爆炸事故以及气体和粉尘对矿工和周围环境的影响；重金属、酸和其他污染物污染水资源；土地使用的变化、土壤退化、化学品污染、污水池泄漏等 缓解措施：应用符合国际最佳实践的可持续采矿标准，如国际金融公司的采矿业环境、健康和安全准则			欧盟、国际金融公司
采矿业工业——制造业					
化工和制药业	化工和制药工业设施和设备的建设和运营	废水和液体废物可能含有有毒物质，对水和周围环境构成风险；化工厂的灾害风险包括火灾、爆炸和有毒化学品意外释放到环境中 缓解措施：应用国际最佳实践（如国际金融公司、国家标准、ISO 标准），如国际金融公司《药品和生物科技制造业环境、健康和安全指南》			国际金融公司、可持续发展会计准则委员会、欧盟

行业	项目类型	详细说明	分类	采取缓解/补偿措施后的分类	参考来源
石化行业	石化工业设施和设备的建设和运营	在开采、提炼和运输过程中产生有毒和无毒废物的风险；挥发性有机化合物、氮/硫化合物等有害工业副产品的风险；石油泄漏对空气、水和土壤造成危害的风险；高能耗 缓解措施：采用最佳实践，如国际金融公司《石油基聚合物生产的环境、健康与安全指南》、石油精炼和欧盟可持续化学工业路线图文件，此外还有国家标准			国际金融公司、可持续发展会计准则委员会、欧盟
造纸和纸浆业	造纸和纸浆生产设施设备的建设和运营	制浆和漂白工艺能耗较高；造纸厂的废水可能含有有毒物质和对水质产生负面影响的无毒物质；排放大气污染物，可能会影响周围地区 缓解措施：应用国际金融公司《纸浆和造纸厂环境、健康和安全指南》等国际最佳实践			国际金融公司、可持续发展会计准则委员会
钢铁行业	钢铁生产基础设施和设备的建设和运营	大量能源消耗、废水中可能含有重金属和油类、金属生产废物（包括炉渣，可能数量巨大）；熔炉和冶炼厂产生的废气可能造成长期污染，并有可能引发中毒 缓解措施：应用最佳实践，如排放抵消措施、国际金融公司的《综合钢厂环境、健康和安全指南》等			国际金融公司、可持续发展会计准则委员会
水泥行业	水泥生产基础设施和设备的建设和运营	生产过程中需要大量能源并产生大量热量、粉尘和烟雾，原材料提取造成的环境风险 缓解措施：应用国际金融公司《水泥和石灰生产环境、健康和安全指南》，采用排放抵消措施			国际金融公司、可持续发展会计准则委员会、欧盟
纺织业	纺织生产基础设施和设备的建设和运营	废水和液体废物可能含有有毒物质，对水和周围环境构成风险；必须大量用水，并存在大气污染物排放风险 缓解措施：应用最佳实践，如国际金融公司《关于纺织品制造的环境、健康和安全指南》或《关于制革和皮革加工的环境、健康和安全指南》			国际金融公司

行业	项目类型	详细说明	分类	采取缓解/补偿措施后的分类	参考来源
机动车行业	汽车和汽车零部件生产设施的建设和运营	资源使用量大，生产过程中能源消耗大，传统油漆的化学品用量大 缓解措施：采用可持续的做法，包括使用水性漆、谨慎处理危险废物并尽量提高回收率、抵消排放量			德国汽车工业协会
电子产品行业	电子产品生产设施的建设和运营	废水和液体废物可能含有有毒物质，对水和周围环境造成损害风险 缓解措施：应用国际金融公司《关于半导体/其他电子产品制造的环境、健康和安全指南》，包括废物回收、管理良好的危险废物处置（包括油和油脂、溶剂和脱脂液、电镀和废水处理产生的淤泥、含有多氯联苯的绝缘油等），以提高效率，尽量减少对环境的影响			国际金融公司、可持续发展会计准则委员会
工业园区	采用了良好实践的工业园区的建设和运营	缓解措施：严格管理废弃物，按照当地最佳实践提高能源效率			联合国工业发展组织
	绿色/生态工业园区（EIP）的建设和运营	大部分电力为绿色电力，有明确的途径实现 100%可再生能源供电，非绿色能源实现全额碳补偿；废物、废水的回收利用等			联合国工业发展组织、亚洲开发银行、绿色生态工业园区平台（GEIPP）

注：图中颜色对应“绿灯”项目、“黄灯”项目和“红灯”项目。

附录 3　不同行业环境影响识别管理工具

主题	发行方/来源
与气候有关的核算/信息披露	全球环境信息研究中心（前身为碳披露项目） 气候相关财务信息披露工作组（TCFD） 可持续发展会计体系项目（Accounting for Sustainability，A4S） 气候披露标准委员会（CDSB） 全球报告倡议组织（GRI） 可持续发展会计准则委员会（SASB）
绿色/棕色分类标准	• 绿色 中国分类方案（国家发展改革委《绿色产业指导目录（2019 年版）》、中国人民银行《绿色债券支持项目目录（2021 年版）》、银保监会/中国人民银行绿色信贷核算与报告框架） 气候债券标准和认证机制 欧盟《可持续金融分类标准》 多边开发银行、国际开发性金融俱乐部：《气候减缓融资的共同原则》 • 棕色/转型/排除列表 穆迪：环境风险全球热图 可持续发展会计准则委员会：重要性地图 多边开发银行和资产所有者的负面筛选/排除列表
绿色评估/评级标准和机构	企业风险管理（ERM） 奥斯陆国际气候与环境研究中心（CICERO） Sustainalytics 研究评级体系 Vigeo Eiris（全球 ESG 研究、数据和评估机构） ISS-oekom 可持续解决方案评估
跨领域综合标准/工具	赤道原则（Equator Principles） “一带一路”绿色投资原则（GIP） 负责任投资原则（PRI） 《中国对外投资环境风险管理倡议》 贷款市场协会（LMA）：绿色贷款原则（GLP） 国际资本市场协会（ICMA）：绿色债券原则 世界资源研究所：资源观察（Resource Watch） 瑞士发展公司：CEDRIG 工具（气候、环境和减少灾害风险综合指南） 可持续发展会计准则委员会良好实践标准 自然资本议定书工具包/金融部门补充 国际影响评估协会：社会影响评估指南 全球影响力投资联盟影响力报告和投资标准：https://iris.thegiin.org 世界银行保障政策/新环境和社会框架 世界银行集团环境、健康和安全指南（EHS 指南） 中国五矿化工进出口商会：对外矿业投资的社会责任以及矿产供应链尽责管理 中国纺织工业联合会：纺织服装企业社会责任管理体系（CSC9000T） 中国对外投资环境风险管理参考手册 中国工商银行城市金融研究所：环境压力测试研究与应用 天津绿色供应链服务中心：绿色采购工具

主题	发行方/来源
气候变化减缓和适应	世界资源研究所/世界可持续发展工商理事会：温室气体议定书跨部门工具、特定部门工具、附加指导文件和定制计算工具
	全球环境信息研究中心（CDP）：公司信息披露跟踪器
	气候债券倡议组织：气候韧性原则
	《巴黎协定》资本转型评估、投资组合转型倡议
	欧盟气候适应：GRaBS 评估工具
	世界银行：气候变化知识门户
	美国国际开发署：气候风险筛选和管理工具
	非洲开发银行：气候筛选和适应审查和评价程序
	国际气候与社会研究所：气候数据库
	德国国际合作机构：部门专家气候融资培训（CliFiT4SE）
	超大城市气候行动：C40 城市基线与机遇
农业、林业、生物多样性和土地利用	联合国粮农组织：农业气候风险评估和管理
	联合国粮农组织：“GAEZ”农业工具数据门户
	联合国粮农组织：统计数据库
	国际贸易中心：标准地图
	国际可持续标准联盟
	气候、社区和生物多样性联盟
	森林管理委员会
	森林认证标记计划
	生物多样性和生态系统服务政府间科学与政策平台：自然价值探索者
	世界银行：陆地生物多样性数据库
	ENCORE（探索自然资本的机会、风险和接触）
	欧盟 REDD 设施/CPI：土地使用融资工具箱
	气候债券倡议组织：农业标准
	气候债券倡议组织：林业和土地利用标准
	大自然保护协会（TNC）：生态友好的发展系统规划工具
能源	联合国环境规划署金融行动机构（UNEP FI）：能效融资平台
	世界资源研究所：能源获取探测器
	世界大坝委员会报告（2000）
	水电可持续性评估议定书
	快速全流域水电可持续性评估工具（RSAT）
	国际金融公司：水力发电开发商和投资者指南
	世界银行：水力韧性工具
	世界银行：全球风电地图集
	世界银行：全球太阳能发电地图集
	国际可再生能源机构（IRENA）：可持续能源市场
	国际可再生能源机构（IRENA）：全球可再生能源地图集（3.0 版）
	气候债券倡议组织：水电标准
	气候债券倡议组织：风能、太阳能和地热能标准

主题	发行方/来源
水资源和水基础设施	世界自然基金会：水风险过滤器 世界资源研究所（WRI）：输水道水源风险地图 世界可持续发展工商理事会（WBCSD）：全球水工具 气候债券倡议组织：水资源和水利基础设施标准 世界资源研究所（WRI）“水道”水风险工具 德国国际合作机构：干旱压力测试工具
基础设施	哈佛大学：远景评级系统 全球基础设施巴塞尔基金会（GIB）：可持续和弹性基础设施标准 SOURCE 平台：可持续发展基础设施基金（SIF） 国际可持续发展研究机构：可持续资产评估工具（SAVi） 中国企业境外可持续基础设施项目指引（SIG） 中国对外承包工程商会：《中国企业境外可持续基础设施项目指引》 中国人民大学生态金融研究中心：基础设施建设的可持续采购工具

资料来源：作者绘制

Part 2
英文部分

Green Development Guidance for BRI Projects Phase II:
Application Guide for Enterprises and Financial Institutions

"一带一路"项目绿色发展指南（二期）：企业及金融机构应用手册

List of Abbreviations

Abbreviation	Name
ADB	Asian Development Bank
AFD	Agence française de développement
AfDB	African Development Bank
AIIB	Asian Infrastructure Investment Bank
BOD	Biochemical Oxygen Demand
BRI	Belt and Road Initiative
BRIGC	BRI International Green Development Coalition
CBD	Convention on Biological Diversity
CBI	Climate Bonds Initiative
COD	Chemical Oxygen Demand
CSR	Corporate Social Responsibility
EIA	Environmental Impact Assessment
EIB	European Investment Bank
EMP	Environmental Management Plan
EP	Equator Principles
ESG	Environmental, Social and Governance
ESIA	Environmental and Social Impact Assessment
ESMS	Environmental and Social Management Systems
ESRM	Environmental and Social Risk Management
GHG	Greenhouse Gas
GRI	Global Reporting Initiative
GRM	Grievance Redress Mechanism
IFC	International Finance Corporation
PM	Particulate Matter
PRI	Principle for Responsible Investment
SPV	Special Purpose Vehicle

TCFD	Task Force on Climate-Related Financial Disclosures
TNFD	Taskforce on Nature-related Financial Disclosures
UNDP	United Nations Development Programme
UNFCCC	United Nations Framework Convention on Climate Change
UNGC	United Nations Global Compact
WHO	World Health Organization
WRI	World Resources Institute
WWF	World Wildlife Fund

Note: To avoid confusion, only current names are used to when referring to organizations /entities /governmental agencies that have changed names.

Executive Summary

The Belt and Road Initiative (BRI) has the potential to significantly accelerate the green transition of a large number of countries, from the traditional high-carbon unsustainable growth to a new green development model. By building a green Belt and Road Initiative (BRI) China and the world contribute to achieving shared green development goals, such as the Paris Agreement, the post-2020 biodiversity protection framework and the UN Sustainable Development Goals (SDGs).

There are emerging policies and actions seek to operationalize the green BRI in ways that advance the goal collaboratively. These are communicated broadly across stakeholders and it is recognized widely that accelerating BRI green development places parallel demands on both shifting funds to green projects and reducing "red" projects by strengthening the quality and enforcement of climate and eco-environmental standards.

This particularly spotlights on the BRI project finance, such as infrastructure and manufacturing. These projects and sectors bear markedly environmental and climate impacts and are in focus in delivering the green BRI commitment. It is crucial for financial institutions and project companies to reduce environment-related financial risks through both decisive actions and continuous improvement.

To support this goal, the Belt and Road Initiative Green Development Coalition (BRIGC) launched in December 2019 the Joint Research on Green Development Guidance for BRI Projects (the "Guidance"). Its 2020 publication, the *Green Development Guidance for BRI Projects,* aimed to guide the green solutions for BRI projects and building on international and Chinese best practices, proposed "1 project classification mechanism" and "9 recommendations" (Figure 0-1) to steer and accelerate BRI project finance shifting from brown to green and to reduce environment-related financial risks.

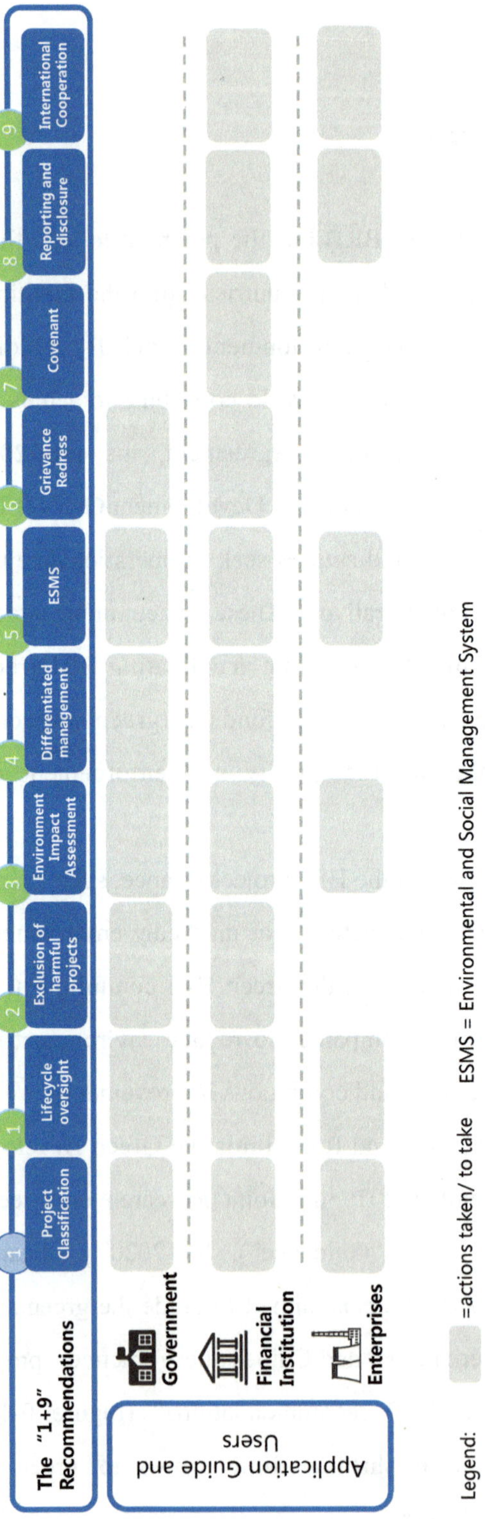

Figure 0-1 Application Guide and Users

Source: Authors.

This report further provides an Application Guide for the main actors in BRI construction in setting the Guidance's proposals into action. It specifies implementation measures to the three main BRI stakeholders of enterprises, financial institutions, and regulators (Figure 0-1). The Application Guide further recommends the roadmap and establishes a shared language about environmental risks and risk management across these stakeholders.

Enterprises are a key player of BRI investment and project construction. The Application Guide helps enterprises who are planning, implementing and operating BRI projects to identify, evaluate, manage, and improve the project's environmental performance across the aspects of climate, environment, and biodiversity. Specifically, the Application Guide provides frameworks for enterprises in completing the self-evaluation of the environmental impact of their projects and setting out the actions to improve performance and management. The Application Guide further supports enterprises to better communicate with home policymakers, regulators, financial institutions, host countries and other stakeholders, avoid the risks in BRI investment and construction, and contribute to the global effort around topics such as carbon neutrality, biodiversity conservation, and corporate social responsibility:

- **Enterprises follow the proposed classification system and self-evaluate projects** into "red", "yellow" or "green" according to their environmental contribution and negative impact, supported by questionnaires and tools as early as possible in the project development phases. Depending on the implemented environmental risk mitigation measures, enterprises can re-classify projects into a transferred category, such as "red/green" or "red/yellow" to ideally receive better financing conditions.
- **Enterprises are encouraged to establish project lifecycle and standard management.** Developing environmental and social management system (ESMS), ideally supported by independent consultants or experienced lead financial institution, allows enterprises to adjust projects and management as

early as possible and routinely manage risks and impacts proactively, particularly for "red" (including "red/yellow" and "red/green") projects of high environmental risks. The ESMS enables enterprises to create awareness of environmental and social risks, set benchmarks and early-warning systems and allows enterprises to mitigate many environmental and social risks before they materialize and risk business operations.

- **Applying the Guidance helps enterprises improve reporting and stakeholder communication.** It enables enterprises to measure and report on the "greenness" and opportunities for further greening on the project level, the portfolio level, and contributes to enterprise ESG reporting. Enterprises are also encouraged to establish and improve the grievance and response mechanism to allow public oversight on their business activities.
- **The Application Guide supports enterprises in the sustainability transition and further the environmental risk reduction.** By understanding the rewarding and punitive action options from financial institutions and governments, enterprises can adjust their investment strategies in time, improve profitability, and avoid the risks from future policy trends and changes in the requirements of stakeholders, especially for industries and projects with relatively high environmental impact such as projects labeled "red".

Relevant departments throughout the enterprise must be fully informed and capable to fulfill these responsibilities and duties (Figure 0-2) independent of individual staff over the long lifecycle of many BRI projects. This also requires a deep integration of environmental and social risk management (ESMS) into the core management systems and corporate strategy.

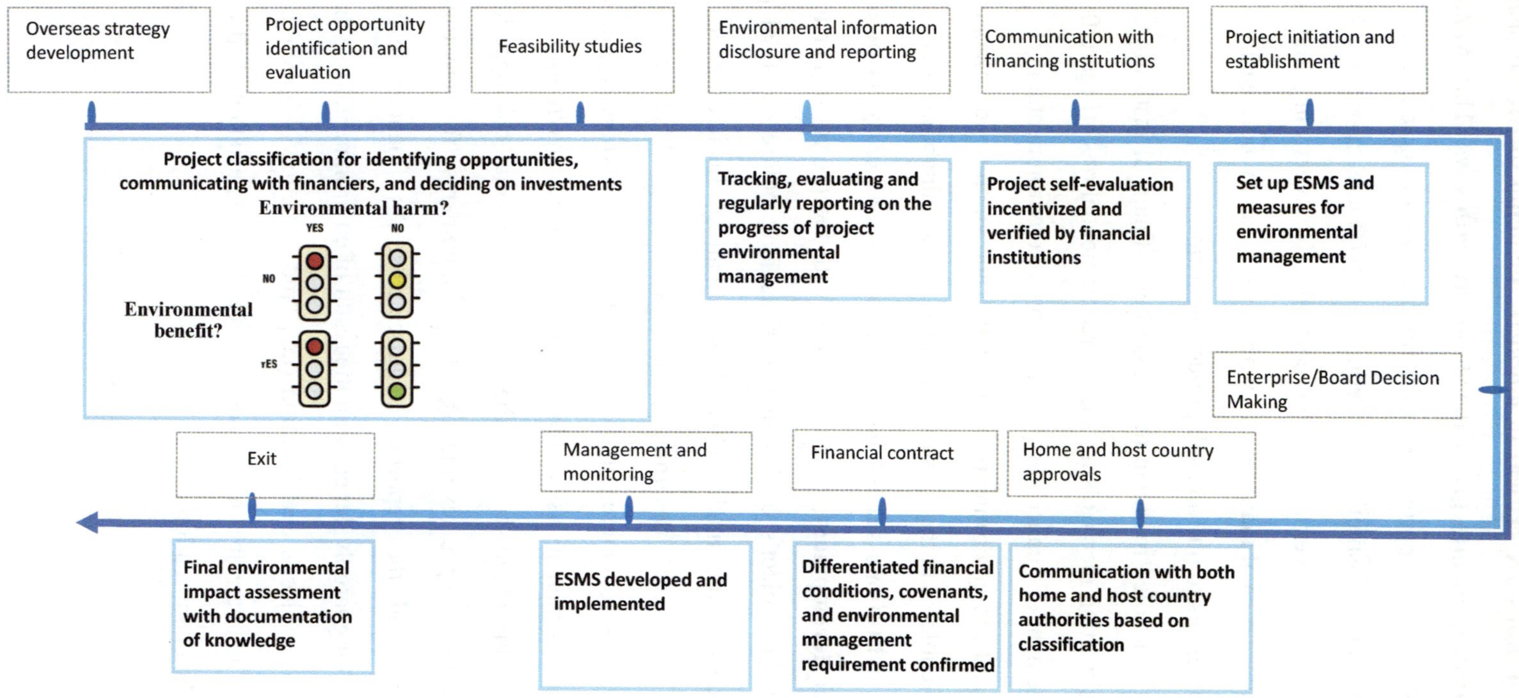

Figure 0-2 Key Application Points along Project Lifecycle as for Enterprises

Source: Authors.

Financial institutions are critical to mobilize financing to BRI at scale and at speed for the transition into green development pathways. This Application Guide provides a systematic approach to shift finance towards green projects. This also benefits the financial institutions in reducing environmental-related financial risks, in accelerating the greening of the portfolio, in overseeing and sharing responsibility of environmental management with clients, and in more easily working with international investors to buy and sell project securities.

By setting out a detailed roadmap the Guide helps financial institutions embed the "1 project classification mechanism" and "9 recommendations" (Figure 0-3) into the lifecycle management of financed project, to improve environmental performance, reduce the climate and eco-environment related risks, and gaining more traction from a wide range of stakeholders in the pursuit of climate and sustainability goals.

- **Financial institutions should involve themselves as early as possible in the project development**, to closely work with the project owner to better understand the project's environmental risks long before the final project design decisions are made. This allows financial institutions to reduce transaction cost in designing contracts and establishing reporting requirements due to a more common understanding and knowledge of project specific environmental risks. This requires financial institutions to work closely with the client to share the FIs' environmental risk appetite (e.g., specific project types excluded), the requirements for environmental management, and the reporting requirements. As financial institutions' decision-making largely depends on the result of environmental due diligence including the project's classification (i.e., "red", "yellow", "green"), the FI needs to set up standards and procedures to share expectations and evaluate and audit the classification.

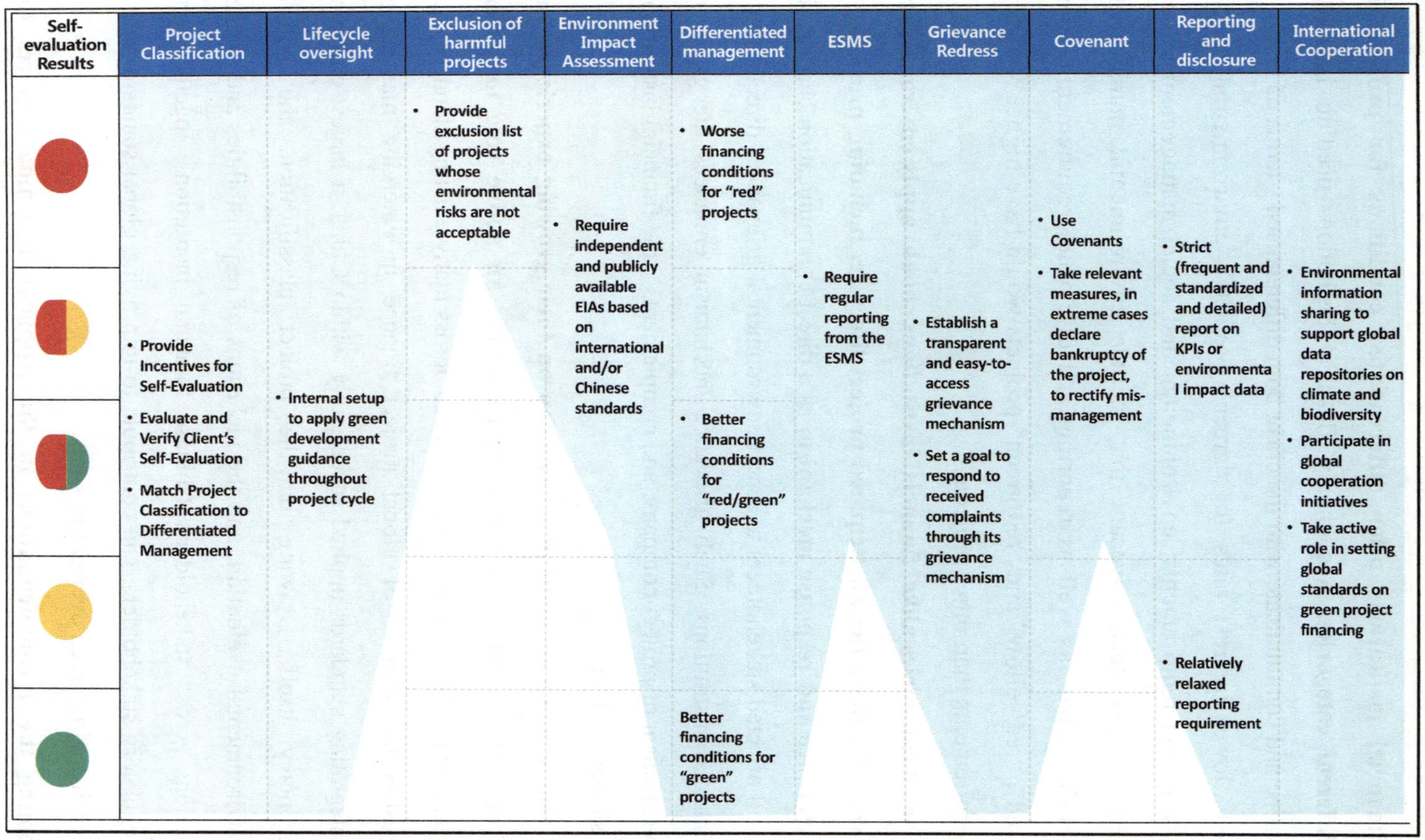

Figure 0-3 Embedding the Guidance into Project Lifecycle by Financial Institutions

Source: Authors.

- **Financial institutions offer differentiated conditions for projects in different categories.** Accordingly, financial institutions need to internally define and communicate with the client both differentiated terms of financing (e.g. lower interest rates for "green" projects), environmental impact assessment requirements, environmental and social management system requirements, loan covenant that include environmental management considerations, as well as reporting and disclosure requirements where "red", "red/yellow" and "red/green" projects would have higher reporting requirements than other projects.
- **For all categories alike, financial institutions should apply environmental oversight along the participated project lifecycle, including providing a grievance and response mechanism** as a direct communication channel for local affected stakeholders to report environmental grievances directly to the financial institutions. Such grievance mechanism enhances the grievance mechanism of project company, and complements the financial institutions' risk alert system.
- **Chinese financial institutions can tap on their growing experience and footprint in global project finance to take an active role in setting standards.** The Guidance is harmonized across many existing standards and pushes the frontier of global project finance in emerging markets by integrating standards applied successfully within China, a largest emerging economy itself. Drawing on the project classification, the holistic environmental evaluation, and the inclusions of responsibilities and aligned actions across stakeholders, Chinese financial institutions, together with regulatory stakeholders, can contribute to improving global standard setting for financing green overseas projects.

Adopting the recommendations in the Application Guide requires the financial institutions to both build up in-house capacity and mobilize external resources. A functioning set of "1+9" recommendations embedded in financial institutions would rely on the participation across decision makers and functions of due diligence/appraisal, environmental and social management, risks control, legal affairs, compliance, and key business units. Help from independent consultants is desired, e.g., to verify the project's evaluation, environmental due diligence, and grievance cases.

The application of the guidance is voluntary but with the commitment to accelerate "green" projects and reduce environmental risks of "red" projects in the BRI. Financial institutions and enterprises are encouraged to add no new "red" projects and phase out existing exposure to "red" projects by focusing investments on "green", "yellow" and "transferred category" (e.g., "red/yellow and "red/green") projects in their portfolio with an ambitious timeline.

To achieve this, it demands policy guidance and support, and at the same time, the application itself offers cases and information on environmental performance of the BRI projects that are helpful for policy stipulation and alignment.

Policy synergy from across regulatory and supervisory functions plays a crucial role in maximizing efforts delivering the green BRI development commitment.

1 Building on the consistent rationale provided by the Guidance, more policy collaboration is desired among environmental and financial authorities, and the supervisory bodies of overseas investment and industrial development, to:

- Together streamline the processing of "green" projects, increase supervision of "red" "red/yellow" and "red/green" projects, guide the divest in extremely harmful "red" projects, and put a heavier weight on environmental impact mitigation and management considerations based on international best practices.
- Build up sufficient sharing of environmental and investment information among policymakers that continues in investment environmental performance monitoring.
- Provide collaborative support, particularly on the upgrade of "red" projects to

better categories and expanding the solution spectrum with green development expertise encompassing regulators.

2 Further research to update the Project List with Sector Guidance can be structured around the project classification mechanism, detailing a transition standard and pathway to upgrade red-flagged projects and ensure green projects comply with the five underlying principles of project classification.

For BRI project host countries, green and low-carbon development has become an unanimous consensus and urgent need. Building on this momentum:

1 BRI project host countries are encouraged to form a greener ask by prioritizing green projects informed by the project classification and providing more conducive conditions.

2 Gaining traction from the mitigation and management measures from BRI investors, BRI host countries can further enhance climatic and eco-environmental standards, to guide the environmental performance of BRI project and benefit from collaborative capacity building programs.

3 Host countries can ensure Guidance application with sufficient information sharing to overcome language barrier, reduce transition cost, and increase the participation of domestic stakeholders that collaboratively builds the green BRI.

1 Introduction to the Green Development Guidance of BRI Projects

1.1 Research Background

The Belt and Road Initiative (BRI) brings a new development opportunity for the world, as an initiative proposed by developing country to provide finance, engineering, and human capacity to other developing countries at massive scale. At the same time, the BRI has become the new development model as it aims to leapfrog the traditional high-carbon development model with environmental degradation, to a green development model that supports economic development in alignment with the Paris Agreement to minimize the risks of climate change, the Convention on Biological Diversity (CBD) and among others to protect biodiversity and minimize environmental pollution, and the UN Sustainable Development Goals (SDGs).

This goal of building a green BRI has been communicated widely and consolidated into policy and collaborative actions. In China, the green development of BRI was underlined in the *Outline of the 14th Five-Year Plan (2021-2025) for National Economic and Social Development and Vision 2035 of the People's Republic of China*, the spirit of which was again exhibited in "Guidelines for Greening Overseas Investments and Cooperation" respectively in the *Green Development Guidelines for Overseas Investment and Cooperation* jointly issued by the Ministry of Environment and Ecology (MEE) and the Ministry of Commerce (MOFCOM) in July 2021 and the *Guidelines for Ecological and Environmental Protection in Overseas Investment and Cooperation Construction Projects* in January 2022. Both documents emphasized increasing green investment and adopting higher environmental standards along the whole lifecycle of BRI projects. *Opinions on Jointly Promoting Green Development of the Belt and Road* issued by National Development and Reform

Commission, Ministry of Foreign Affairs, Ministry of Ecology and Environment, and Ministry of Commerce in March 2022, set up goals, tasks and pathways to a green BRI in the New Era. At global stage, the call for Green BRI Partnership was signed up by 29 BRI countries including China and disseminated by the UN General Assembly (UNGA) in July 2021. Later in the September General Debate of the UN General Assembly, President Xi announced to the world that China will not build any new coal-fired power projects abroad and will increase financial support for green and low-carbon energy projects in developing countries, a commitment representing a turning point and a strong boost to the global efforts responding to climate challenges.

Project finance, such as infrastructure and manufacturing, are in focus in delivering the green BRI commitment, as they bear particular environmental and climate impacts. Accelerating BRI green development therefore raises parallel requirements of shifting finance to green infrastructure and of strengthening the quality and assurance of ecological standards. To support this ambition, the BRIGC (BRI International Green Development Coalition) has published the "*Green Development Guidance for BRI Projects Baseline Study*" (hereafter the "Guidance") in December 2020. The Guidance proposed 1 project classification mechanism and 9 recommendations ("1+9") to steer and accelerate green transition of BRI project finance.

To solidify the proposals in the Guidance, this Report aims to provide application guide to the key stakeholders in BRI construction. It is specifically targeted at project developers and project owners/companies[①], as well as financial institutions involved as lenders to projects. With how to put the Guidance in action explained, the Report also shed light on the necessary policy measures and desired global cooperation informed by the practice from companies and financial institutions involved in BRI. This is even more important in the world's post-pandemic green recovery where the need for collaboration and shared growth among countries through policy coordination is clear.

---

① After the early feasibility study phases, when no project company has yet been established, the project developer might become a project owner when the project company is established.

1.2 Green Development Guidance: "1+9" recommendations

The "1 + 9" recommendations in the Guidance focus on reducing climate and eco-environmental risks in financing overseas project. The principles of the Guidance set out a clear path to follow to allow different parties involved in overseas project finance to reduce environmental risk, reduce costs of project implementation, accelerate project permission and accelerate international cooperation throughout all project phases. By applying the Guidance, financial institutions and project developers are therefore reducing their risks beyond the often insufficient and dynamic local requirements. The Guidance consists:

1.2.1 A Color-Coded Project Classification Mechanism

A mechanism to classify BRI projects based on environmental benefits and negative impact evaluation is proposed in the Guidance, with preliminary lists illustrated by sector examples. The classification is aligned with international standards and best practices, such as the Equator Principles (EP) that require signatory banks to differentiate projects by environmental risks as A, B, C, and finds ground in China's emerging efforts, such as the China Banking and Insurance Regulatory Commission (CBIRC) Green Credit Statistics System which encourages banks to differentiate financed projects according to their environmental risks.

The classification of BRI projects investigates three major environmental objectives of pollution prevention, climate change mitigation, and biodiversity conservation. Based on positive and negative impact, projects are divided into "3+1" categories with the first three of (Figure 1-1):

- **Green projects** - encouraged projects: Projects in this "encouraged category" have no significant negative impact on any environmental aspect of climate change mitigation, pollution prevention, and biodiversity protection, and positively contribute to at least one environmental aspect, particularly if they support international environmental agreements and conventions. Projects such as renewable energy development and utilization (solar and wind power plants, etc.) fall into this category.

- **Yellow projects** - environmentally neutral projects with moderate impacts: Projects in this category "Do No Significant Harm" (DNSH) to any environmental aspect, and any residual environmental harm can be mitigated by the project itself through affordable and effective measures within reasonable boundaries. Yellow projects include waste-to-energy projects and urban freight transportation with emission standard above Euro IV/national IV standards (or similar local applicable one).
- **Red projects** - projects requiring stricter supervision and regulation: Projects at risk of causing "significant and irreversible" environmental damage or major negative environmental impacts in one or more aspect of climate change mitigation, pollution prevention, and biodiversity protection. Red projects include coal-fired power, petrochemical, and mining and metal smelting projects.

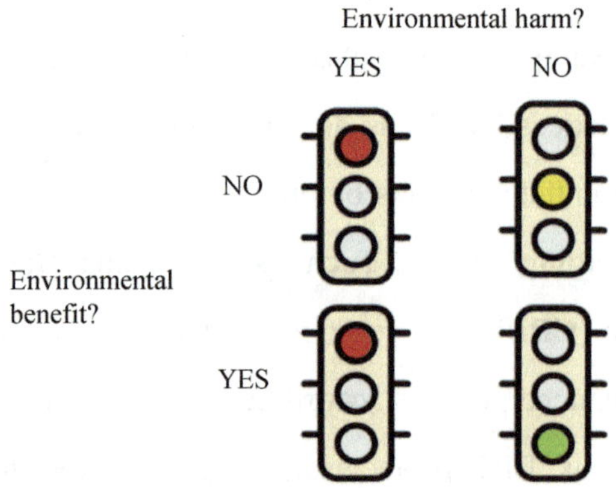

Figure 1-1 The Color-Coded Classification Mechanism for BRI Projects

Source: Authors.

For project developers and investors to be able to account for varied environmental and climatic conditions of BRI participating countries, the classification process considers two major factors regarding environmental risks:

- **The inherent characteristics** of projects that are similar to each project of a specific type; and

- **The implementation characteristics** specifically the application of mitigation and compensation measures to effectively avoid environmental impacts along project lifecycle.

This color-coded classification also sets a fourth "transferred category" to provide a flexibility, which encourages projects to "upgrade" their category and allows them to consider local considerations in the respective countries by applying environmental management with measures to mitigate or compensate for potential environmental risks. Projects can be labeled as "red/yellow" or "red/green" with appropriate management.

1.2.2 The 9 Recommendations

The 9 recommendations focus on different aspects of project finance:

- **Recommendation 1:** Green overseas investment practices address all project phases, from project initiation through project evaluation, financing, construction, operation, reporting and transfer/closure
- **Recommendation 2:** Provide exclusion list of projects not available for funding to exclude those of significant and irreversible environmental impact and have no effective measures to mitigate, referencing the practices from finance institutions and supervisory bodies
- **Recommendation 3:** Environmental (and Social) Impact Assessment (EIA/ESIA) depending on the project's perceived risks, where "red", "red/yellow", "red/green", and high-risk "yellow" projects should obtain an independent EIA assessment based on international best practices
- **Recommendation 4:** Differentiated conditions, for example to reduce financing cost and approval times for "red/green" and "green" projects
- **Recommendation 5:** Environmental and Social Management System for project company required to ensure mitigation measures are implemented and reported
- **Recommendation 6:** Grievance redress mechanism provided to the affected stakeholders for full lifecycle management, enabling direct communication

of environmental issues between affected stakeholders and financial institutions and complementing the other communication channels.

- **Recommendation 7:** Integration of covenants related to breach of environmental and social agreements between the financial institution and the project company to exercise remedies to rectify environmental management
- **Recommendation 8:** Public reporting of environmental performance of project
- **Recommendation 9:** International cooperation on improving environmental performances

These recommendations are relevant for different parties in the project financing lifecycle.

1.3 The Application Guide and Users

This Application Guide aims to provide specifications that are adoptable to the key stakeholders in BRI projects. While the Guidance and particularly the project classification mechanism were developed to be easy to use and internationally harmonized, it does not mean that the application of the "1+9" recommendations is easy. Mending this gap, the Application Guide maps out the efforts needed to implement these recommendations, which requires coordinated and aligned actions from a set of key stakeholders.

The Guidance is primarily applicable for Chinese and international partners engaged in financing overseas project in BRI countries. It applies for all types of project finance and operating models in different sector. Project developers and financial institutions incur environmental risks and take responsibility in providing capacity for green infrastructure development. The application of this Guidance helps accelerate green project finance along the whole project lifecycle.

Relevant government authorities in China and BRI countries can benefit from this guidance to focus on choosing and providing support for green projects, while reducing support for red projects flagged by the classification. Table 1-1 further shows the user profile.

Table 1-1 The Users and Recommended Application of the Guide

Who	Why apply the Green Development Guidance	When to apply the Green Development Guidance
Project developers and project owners /companies	• To avoid or reduce environmental risks in project design and lower the cost of environmental damages. • To accelerate project approval and financing • To access lower-cost funding, favorable financing terms, and potential international financing sources • To apply a standardized process for environmental impact evaluation and risk management that allows for long-term success of project, including potentially attracting further investors or selling the project • To reduce environment-related social and reputational risks through coordinated local stakeholder consultation and feedback mechanisms • To inform investment strategy and decision-making by understanding the risks and the trends in the context of carbon neutrality and key international processes	• Throughout all project phases • Early evaluation of projects environmental impacts to understand risks • Early development of environmental management plans to reduce environmental risks throughout project • Reporting to ensure relevant investors and financial institutions are well informed about material and non-material environmental issues • Improving the environmental risk management system through grievance and response mechanism and other measures
Financial institutions	• To reduce environmental risks of loan book, including both environment-related social and legal risks • To accelerate project financing and approval • To increase access to international financial cooperation partners in project finance • To reduce reputational risks and inform investment strategy and decision-making by understanding the risks and the trends in the context of carbon neutrality and key international processes	• Assessment and differentiated management are carried out throughout all project phases • Focus on choosing "green" projects in early evaluation phases • Demand proper environmental impact assessments depending on project classification • Specify environmental risk management requirements of project • Include covenants for environmental risk management violations • Specify reporting requirements, including environmental performance indicators • Require independent validation of environmental reporting • Establish early warning system, such as through grievance mechanism

Who	Why apply the Green Development Guidance	When to apply the Green Development Guidance
BRI country authorities	• To inform the initiation and choice of green projects in development path • To help the communication with Chinese and global stakeholders, both governmental and financial of the financing demands • To reduce environmental risks • To increase local stakeholder participation and buy-in for project • To increase access to funding and the lower funding cost through access to more diversified finance • To improve long-term financial sustainability of projects and attract more diverse funding	• Develop projects that are considered "green" or "yellow", while avoid and putting more caution on "red" projects in public tenders • Strengthen the EIA requirements and oversight for "red", "red/yellow" and "red/green" projects
Chinese authorities	• To reduce environmental and financial risks of BRI projects • To accelerate implementation of "green BRI" ambitions with both supportive and restrictive policies • To ascertain positioning of BRI as a global sustainable development initiative	• Throughout all project phases guided, overseen, and regulated by various authorities • Project appraisal for accelerated permissions for "green" and "red/green" projects • Provide better conditions for green projects, particularly guided by financial regulators and with public financing sources • More oversight and stringent regulation for "red", "red/yellow" and "red/green" projects

Source: Authors.

1.4 Structure of the Application Guide

This report provides sufficient details on how to adopt the "1+9" recommendations tailored to each type of stakeholder, with the purpose to facilitate the key stakeholders apply the Green Development Guidance. While laying out a roadmap with action options explained, this Application Guide report also supports the application with illustrative cases and available tools and resources, informed by desktop research, interviews with relevant stakeholders, and feedback mechanisms through workshops and seminars.

The study is structured as follows:

Chapter 2 applies to the enterprises engaged in BRI projects. This includes enterprises who are the investors, implementers, developers, or owners of projects of the BRI. This chapter introduces enterprises to the Guidance with why it is relevant to enterprises and the role they play in setting the Guidance effectively in action. While familiarizing enterprises with the process, particularly giving a step-by-step guide on carrying out the project classification, the chapter also prepares them to integrate the recommendations into their business with necessary institutional setup and resource. For the user to continue benefiting from adopting the Guidance, this chapter highlights how it is mutual reinforcing to all the other efforts that enterprises contributing to a green BRI, as well as the expected aligned actions from financial institutions.

Chapter 3 gets financial institutions ready for using the Guidance. This chapter starts by laying out a roadmap for financial institutions to embed the "9 recommendations" from the Guide into project lifecycle management, followed by a detailed illustration of the key action points along the roadmap. Then focusing on the "1 project classification mechanism", the second section is dedicated to guiding financial institutions to set the environmental evaluation and classification into action through mobilizing the action from clients, consolidating the results, and applying the results in their business and management. The last section highlights how the Guidance and Application Guide support Chinese financial institutions taking on an active role in international standard setting. By underlining the novelty of the Guidance, it encourages proactive exploration continuing on this report.

Chapter 4 provides the recommendations for policy support and action areas. Based on the policy needs for further supporting the application of Green Development Guidance and the progress from such application in enterprises and financial institutions, this chapter outlines the implications for actions around policy collaboration, information sharing, and capacity building with suggested timeline.

Chapter 2. Application Guide for Enterprises

Enterprises are a key player of BRI investment and project construction. In 2020, the volume of direct investments from Chinese enterprises within the BRI reached US$ 17.79 billion, 18.3 percent up from that of 2019 (MOFCOM, 2021). Greening the overseas investment and adopting sound environmental management is an important part of making "green" the color of BRI development of high quality, and it is increasingly seen as both a responsibility and a business opportunity. Enterprises have a crucial role to play in both aspects.

This *Green Development Guidance for BRI Projects Application Guide* helps enterprises identify, evaluate, manage, and improve their environmental performance, across the aspects of climate, environment, and biodiversity. By assisting enterprises in completing the self-evaluation of the environmental impact of their projects and setting out the actions to improve performance and management, the Guide supports enterprises to better communicate with home policymakers, regulators, financial institutions, host countries and other stakeholders, avoid and mitigate the risks that are environmental and environment-associated in BRI investment and construction, and contribute to the global effort effectively around topics such as carbon neutrality, biodiversity conservation, and corporate social responsibility.

2.1 Getting Prepared

2.1.1 The Role of Enterprises in the Green Development Guidance

The *Green Development Guidance for BRI Projects* is a set of strategy, management, and action recommendations for projects based on a classification mechanism of their environmental impacts. The Guidance covers the entire lifecycle of BRI investment projects, and provides recommendations to policymakers and regulators, financial institutions and their clients including enterprises, to transition away from projects that cause significant environmental damage that cannot be mitigated to environmentally and economically beneficial projects, to conduct environmental impact assessments, establish the environmental management system, and to publicly disclose and report on environmental performance for projects of different environmental impact categories. Chapter 1 Section 1.2 describes these "1+9" recommendations.

The classification of BRI projects according to their environmental impacts is at the core of the Guidance. Projects are evaluated according to their environmental impact into the "green" encouraged category, the "yellow" neutral impact category, and the "red" category that requires strict supervision and regulation. This color-coded classification system provides a common language across government departments, financial institutions and clients, host countries and other international investors to form an aligned understanding on the environmental impact assessment of BRI projects and is the basis for other recommended measures across stakeholders.

The Guidance is particularly relevant to enterprises engaging in BRI countries, as enterprises are:

- **The starting point for self-evaluation and project classification.** As the initiator of overseas projects, enterprises benefit by classifying projects to better understand possible environmental impacts, risks and opportunities associated with the proposed project prior to project planning and investment decision. Enterprises will work closely with financial institutions who provide incentives for self-evaluation and classification and verify the classification results to ensure an agreed understanding of the project impacts and mitigation (section 3.2 in Chapter 3).
- **The implementers of environmental impact assessments (EIA) and management.** As the developer or implementer of BRI projects, enterprises' business practices have the most direct positive or negative impact in the project host countries. Based on the project classification, enterprises and

financial institutions are encouraged to manage projects throughout their lifecycle, institutionalize independent EIAs, especially for "red" projects, and require project companies and developers to establish environmental and social management systems (ESMS) with transparent grievance redress mechanism. This entails companies to establish robust systems to carry out and report on their work.

- **Affected by the actions from financial institutions and regulators.** The Guidance recommends that financial institutions and regulators provide exclusion lists to reduce or stop investment causing significant environmental harm that cannot be mitigated; provide accelerated approval and favorable conditions for "green" projects whereas more stringent for "red"; exercise remedies, including calling default, when the client failed to rectify a breach of environmental agreement. All these have implications on the terms and costs of financing and the requirements for environmental management, and consequently the enterprises' decision-making and practice.
- **Beneficiaries in using the Guidance in disclosure and in contributing to global climate and environmental processes.** More and more companies are disclosing their environmental information in the forms of sustainability or corporate social responsibility (CSR) reports and at the project level to communicate with external stakeholders and to improve performance. The Guidance facilitates the environmental information disclosure integrable to existing reporting frameworks and mechanisms and provides resources for enterprise' participation in related international initiatives and dialogues.

These roles are illustrated in below Figure 2-1.

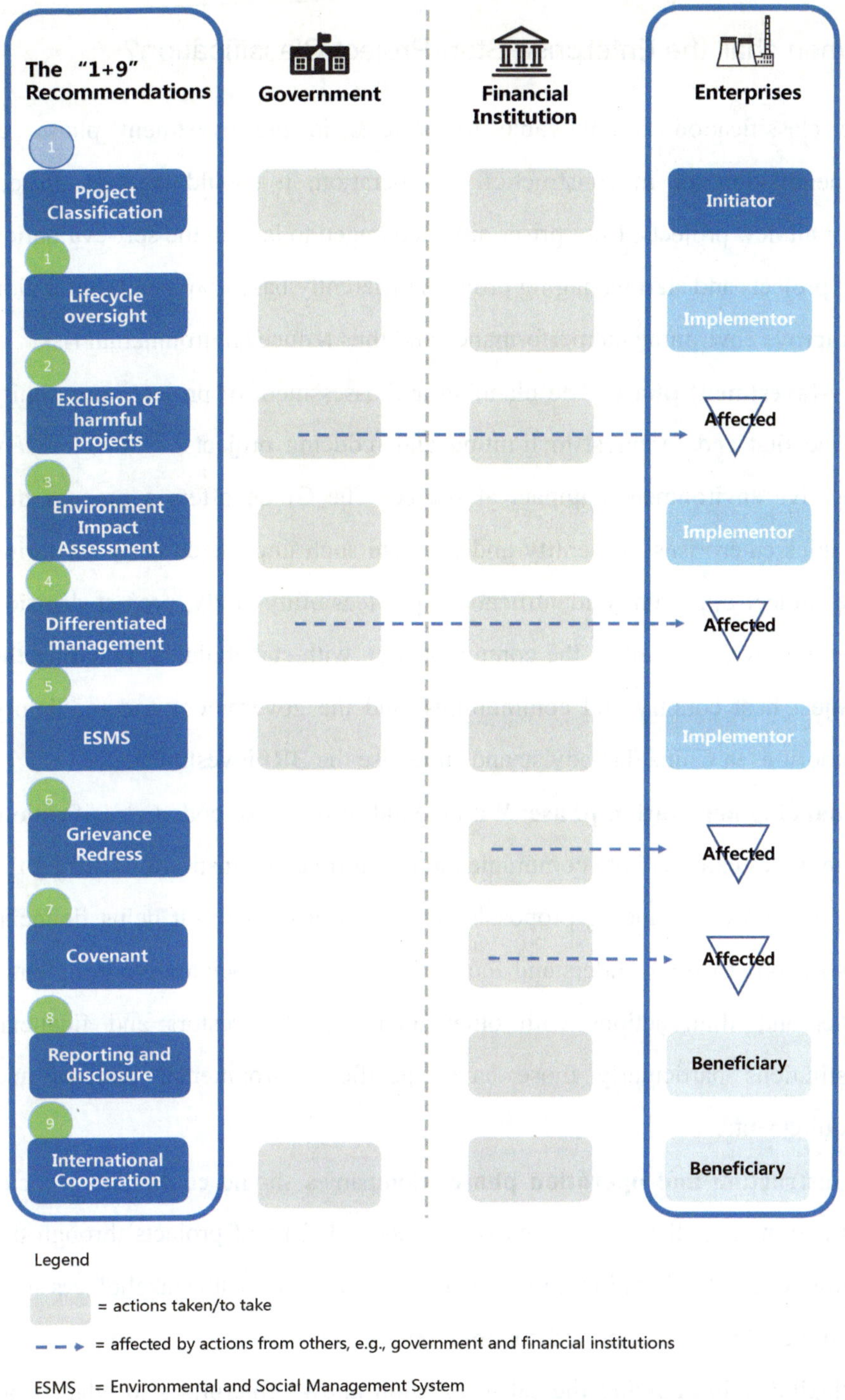

Figure 2-1 Relationship Between Enterprises and the Green Development Guidance

Source: Authors.

2.1.2 When shall the Enterprise Start Project Classification?

While classification is applicable to projects in pre-investment phase, at financing negotiation, or in construction or operation, it should start at project initiation for all new projects. Enterprises are encouraged to launch the self-evaluation for existing projects and start managing projects differently based on the classification results to improve environmental performance and thus reduce environmental risk.

- **Pre-investment phase**: The planning and assessment of project opportunity is the first and foremost to limiting and reducing projects with significant negative environmental impact at source. The Guide offers a process that enables enterprises to identify and evaluate such impacts as early as during the project opportunity identification, pre-feasibility study, project decision and approval, as well as the communication with stakeholders including the project host country and communities, and the government and regulatory authorities in China that advise and supervise the BRI investment.
- **Financing negotiation phase**: With the aid of the color-coded classification, enterprises can facilitate communication with financial institutions during the negotiation on financing proposals. The classification result helps financial institutions to fully understand the project and its associated environmental risks and align actions with other international investors and financial institutions particularly those have specific environmental policies and requirements.
- **Construction and operation phase**: Companies should continuously focus on and manage the environmental impacts and risks of projects through the color-coded classification, to facilitate communication with stakeholders such as project host countries and communities.

The flexibility in applying the self-evaluation allows enterprises to adapt it to their needs. In addition to scheduling the self-evaluation for project classification according to the individual project, enterprises can also synchronize the evaluation with their specific timetable, such as the cycle of strategy development or stakeholder communication, and regularly review and update the projects as overseas business develops or alters.

2.1.3 Relevant Departments and Personnel

A diversified group of functions are needed in the self-evaluation. Depending on the stages and processes of BRI project and investment, the personnel involved in the application of the Guidance may include the strategy and decision makers, the project developers, the project managers, the administrative personnel, the CSR team, and persons engaged in international cooperation (Table 2-1). The extent to which these functions engage in self-evaluation and the classification falls into three categories:

- **Aware of the subject matters of the project classification** that is sufficient to understand the link between the results of the project classification and the associated work area of the enterprise, as well as the possible roles the company can play.
- **Familiar with the technical aspects** well enough to carry out the project classification, including information gathering and analysis, impact evaluation, and production of classification results.
- **Able to interpret the evaluation results and their implications** to inform and improve decision making and management, such as enhance the policy and practice on environmental management, direct the transition to greener investments, and catch on the business and policy opportunities emerging from major activities in sustainability.

Enterprises are encouraged to work with independent consultants and liaise as early as possible with relevant financial institutions to understand requirements for environmental due diligence and environmental risk management, and to integrate relevant due diligence mechanisms in the project evaluation.

Table 2-1 Relevant Departments and Personnel of Enterprises

Project Phase		Action Point	Expected Outcome of Application	Enterprise		Third Party
				Domestic	Host Country	
Pre-investment	Overseas strategy development	Project screening and scoping	• Helping core corporate decision makers, staff involved in project development, design, and management to understand project environmental management requirements. • Identification of potential project impacts and risks in the early stages of project design and planning	Strategy and decision makers.	⊗	⊗
	Project opportunity identification and evaluation			• Strategy and decision makers. • Project development and design staff	⊗	⊗
	Feasibility studies (including country and environmental risk studies, resource use and environmental assessment, etc.)	Environmental Impact Assessment or Environmental / Social Impact Assessment (EIA / ESIA)	• Environmental/social risks and impacts of the project identified • Projects classified according to their environmental impact(green/yellow/red) • Informed internal decision making, and external approval of the project supported by the above	• Project development and design personnel • Project management personnel • Corporate environmental and social responsibility managers	Project support and administrative staff	Professional evaluation agencies and experts
	Project initiation and establishment			• Project development and design staff • Project management personnel	Project support and administrative staff	⊗

Project Phase		Action Point	Expected Outcome of Application	Enterprise		Third Party
				Domestic	Host Country	
Pre-investment	Enterprise/Board Decision Making	Enterprise internal decision making	Easier and more efficient information communication to domestic and host country authorities and various stakeholders	Strategy and decision makers	⊗	⊗
	Domestic Approval	Domestic Approval		Project support and administrative staff	⊗	⊗
	Host country approval	Host country approval		⊗	Project support and administrative staff	⊗
Financing negotiation	Communication with financing institutions (including relevant financial institutions)	Project self-evaluation verified by financial institutions	Project evaluation well communicated to financiers (including relevant financial institutions) and stakeholders during the financing proposal negotiation process to help them fully understand the potential impacts and risks of the project	• Project development and design personnel • Corporate environmental and social responsibility managers	Project support and administrative staff	Professional evaluation agencies and experts
	Contracting					
Construction and Operation	Social and environmental management (including environmental recovery in project exit)	Development of project environmental management plan (EMP)	• Project environmental management plan developed based on the project's category (e.g., green, yellow, red) • Performance measurement and benchmarks designed • Management priorities, requirements, targets established • Information disclosure mechanisms set up for periodic reporting	Corporate environmental and social responsibility managers	Project managerial staff	Professional evaluation agencies and experts

Project Phase		Action Point	Expected Outcome of Application	Enterprise		Third Party
				Domestic	Host Country	
Construction and Operation	Monitoring	Monitoring and Auditing	• Tracking, evaluating and regularly reporting on the progress of project environmental management (e.g., targeted disclosure and reporting on project environmental performance based on different project categories and requirements from financial institutions) • Conduct effective information disclosure	Corporate environmental and social responsibility managers	Project managerial staff	Professional evaluation agencies and experts
Project Termination	Project termination (decommissioning or shutdown)	Project final environmental impact assessment	• Final environmental impact assessment of the project executed and completed • Project documentation and knowledge management competed	⊗	Project managerial staff	Professional evaluation agencies and experts

Source: Authors.

2.2 The Self-Evaluation for Project Classification

2.2.1 The Principles of the Classification Mechanism

The BRI project classification mechanism proposed in the Guidance adopts the following overarching principles: **(1) multidimensional**: the evaluation takes on a holistic approach that covers a project's impact and contribution in regard to climate emissions, environmental pollution and biodiversity; **(2) holistic:** the evaluation focuses on the impact across project lifecycle that are cumulative on both temporal and spacial spread. It also counts in the entailed impacts a project when it directly contributes to a sector with significant environmental harm; **(3) align with international targets**: stay consistent with international conventions and global targets related to climate, environment and biodiversity; and **(4) require dynamic assessment**: monitors project lifecycle environmental impacts and the mitigation measures taken. Projects are classified into "green", "yellow" and "red" categories guided by the above principles, as articulated in 0.

The classification mechanism is designed to be practical and easy-to-use for assessing potential environmental impacts. It cannot substitute the specific and required activities that ensures the initiation and operation of project. For instance, it does not guarantee the approval or access to government and financial support, nor it is equivalent to the EIA, construction permits or the necessary permissions, such as forest or water use permits that is indispensable in project approval, implementation, and operation.

2.2.2 How to do the classification

2.2.2.1 Collect information

Table 2-2 provides the information needed for enterprises to assign projects into one of the categories. Given the differences how information is registered and handled in each enterprise, a brief description of required information and the purpose for usage is provided to help locate such information in enterprise' own capacity. Some of the information is obtainable in project documents particularly in cases where the evaluation is applied to initiated and commenced projects.

Table 2-2 Required Information Table for Project Classification

Type	Description	Purpose
Project Information	Industry and sector	• To match the project in the Projects and Categories provided for 6 key industries (available in Annex 2) • To serve as the basis for impact determination if the project is in a sector other than the 6 key industries. The project industry and sector info help referencing to the inherent characteristics in environmental, biodiversity and climate impacts to the interest of classification
	Project location and affected geography	• To preliminary identify the potential impact of the project on the ecological environment and biodiversity, such as whether the project trespasses or borders on any biodiversity hotspots, protected areas, or core habitats
	The current project phase and the phases the enterprise has been engaged in or will possibly engage in	• To determine the scope of project's potential impacts based on the project's life cycle • To identify the scope of project impact, including the cumulative impact
	Technical information including but not limited to those on raw materials, fuel, process, pollutant emission, and pollution control facilities.	• To identify the potential impact of the project referencing to the inherent characteristics of the project and the technical choices, such as greenhouse gas emission, discharge, etc. • To identify the demonstrated effective mitigation measures responding to the impact generated from concerned technical aspects
	Supply and value chain of the project	• To identify the enabling effect of the project associated with the upper- and down-stream industries along the project's supply and value chain
Environmental and resource consumption information	Environmental incident	• To detect the possibility of environmental incidents, such as the incidents arising from the transportation, utilization, and discharge of harmful substance, the possibility of explosion or leakage of harmful substance
	Resource consumption	• To identify the consumption on natural resources, such as water, forest, land, etc. • To match with the highest environmental standards of home country, host country or international standards. This could be comparable to the required information in applying for environmental permission in project host country and home country

Type	Description	Purpose
Internal management, information disclosure and external communication with stakeholders	Information on corporate strategy and governance	• To assess the mitigation measures that are appliable through strategy setting and governance structure • To identify the relevant functions and personnel that are relevant to the self-evaluation and project classification
	The environmental and social management system (ESMS)	
	Corporate sustainability/social responsibility and other environment-related information disclosure practices, and publicity, media, public relations and other channels of communication with stakeholders	

Source: Authors.

Note that as far as possible, quantitative and detailed information facilitates assessment of the environmental impact, such as the quantity of emission in gCO2e/tkm and the distance in km from key biodiversity area for railway projects. It is the basis for understanding the impact and taking countermeasures. In addition to environmental impact mapping, some of the information above also contributes to the broader mapping also includes of feasible technologies, engineering processes, project management experience among others, which are helpful in exploring possible alternatives and improved management for impact mitigation.

2.2.2.2 Classify Projects Referencing to the By-Category List

The Guidance first selected 6 industries in preliminary screening with the aim to provide reference for the key industries of BRI investment with the most eco-environmental and climatic impact. These include energy infrastructure, transportation infrastructure, manufacturing, mining, agriculture, and land use. While Table 2-3 shows some examples, enterprises can refer to Annex 2 to assign projects from the above six industries into corresponding categories.

Table 2-3 The By-Category Examples in Guidance

Category	Examples
Green light projects (encouraged)	Solar photovoltaic, wind power, geothermal energy, mini/micro-grid (for transmission of clean energy), electric transportation infrastructure, construction of green ports and their supporting facilities, forestation, etc.
Yellow light projects (projects with moderate impacts)	Waste-to-energy projects, urban freight transportation with emission standards above Euro IV/national IV standards (or similar local applicable one).
Red light projects (projects requiring stricter supervision and regulation)	Coal-fired power generation (including new coal-fired power plants and upgrading of existing coal-fired power plants), gas-fired power generation, railway construction (long-distance, passenger, or freight), urban freight transportation with emission standards below Euro IV/national IV standards (or similar local applicable one), construction of ports and their supporting facilities involving the use of fossil fuels for storage or transportation, large livestock and poultry breeding plants, mining, petrochemicals, industrial park construction, etc.

Source: (BRIGC, 2020)

The by-category list is a dynamic tool. Like China's green finance taxonomies and sectoral policies, it will be updated and revised periodically to keep pace with developments in science and technology, market dynamics and policy needs.

2.2.2.3 Classify Projects by a Two-Step Process

Enterprises can complete their own classification following the classification process for industries and projects not covered by the by-category lists. The project classification process has two-steps which first assesses potential environmental impacts of the project type and then investigates the mitigation and compensation measures for the specific project (Figure 2-2).

In the first step, projects are evaluated regarding the project characteristics, that is, the significant environmental risk and positive contribution potential in regard to pollution, climate, and biodiversity[①]. If a project has no significant harm potential,

① The "risks" refer to a significant increase in pollution relative to the absence of the project; significant greenhouse gas emissions that renders meeting the Paris Agreement targets difficult; and a significant deterioration in biodiversity.

and positive environmental contribution[①], it is considered "green", while a project

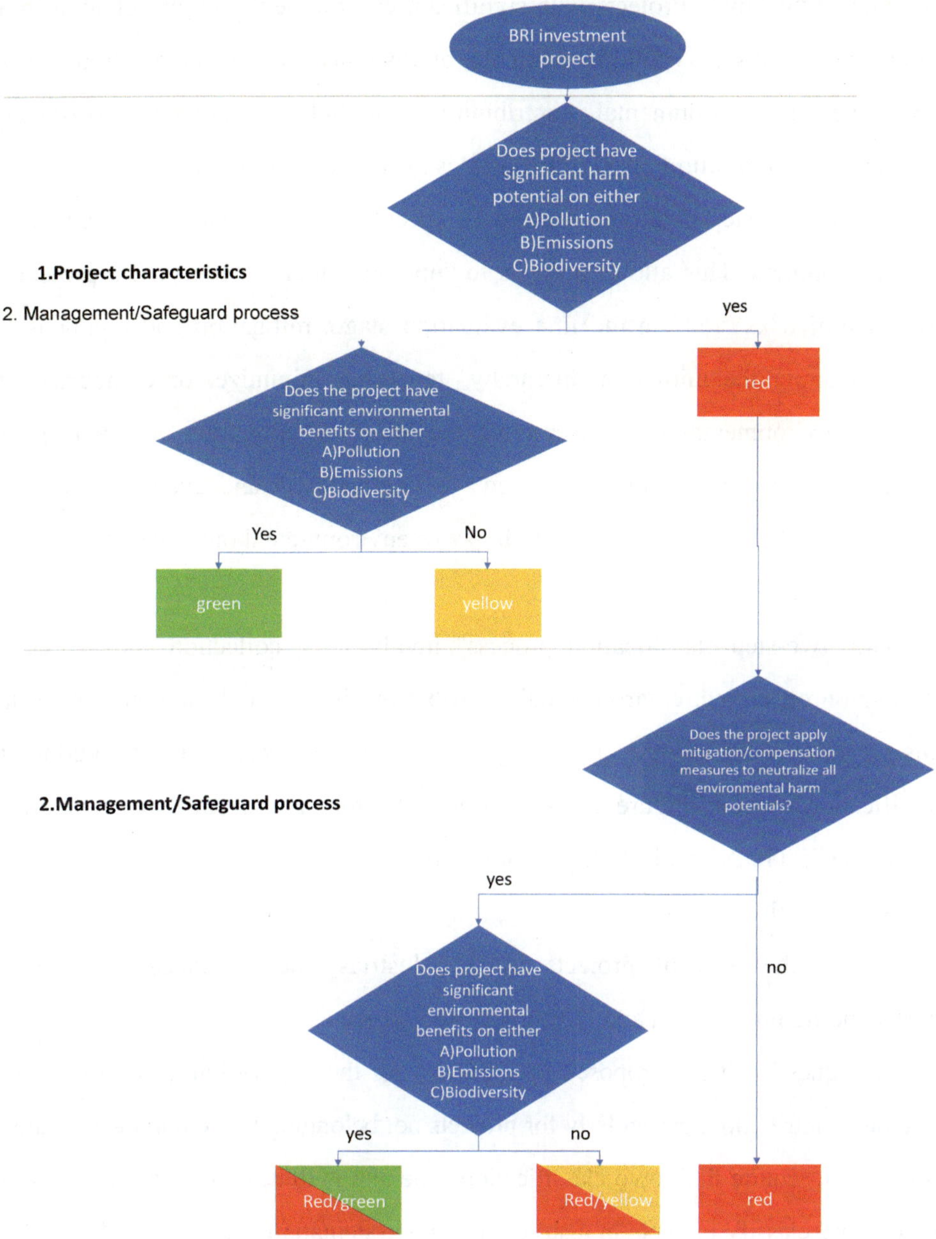

Figure 2-2 The Project Classification Process

Source: (BRIGC, 2020)

① These contributions include: a significant improvement in pollution compared to the absence of the project; a significant contribution to the achievement of the Paris Agreement targets, and a significant improvement in biodiversity.

without significant harm potential and without positive environmental contribution is classified as "yellow". Projects with significant environmental harm potential in any of the three dimensions (pollution, climate, biodiversity) are considered "red", even if they have an environmental contribution potential in another environmental dimension. The definition of "significance" is available in Annex 1.

The second step evaluates a project's specific environmental management and safeguard process. This allows projects to "upgrade" their category: If a project has been identified as "red" in the first evaluation stage, mitigation and compensation measures along the mitigation hierarchy[①] to avoid, minimize, or compensate the project's environmental harm. Demonstrated effective mitigation and management can result in project moving from "red" to "red/yellow" and even to "red/green" depending on the project's potential to improve environmental outcomes.

2.2.2.4 Evaluation and Thresholds

The "two-step classification process" involves the collection and analysis of information on project environmental contribution, impact and mitigation measures. This section provides the necessary tool and resources for completing the classification process. Figure 2-3 shows how the four aids from this Guide can be used in the Figure 2-2 project classification process.

More specifically:

1. For the lists of projects in 6 industries, the Guidance specified the corresponding information and thresholds used (Annex 2).

2. A question list is proposed in Table 2-4 for the inquiry into project's potential harm and contribution, particularly for projects not belonging to the 6 industries and for projects that require their own classification. The aim is to help enterprises identify the impacts and classify projects in a structured and systematic manner. This classification can also be applied when specific (sub)sectors and more quantitative and standardized assessment criteria are missing (but these cases should be minimized).

---

① Concept emerged from biodiversity protection, refers to a sequence of measures to avoid, mitigate, restore, or rehabilitate, and finally offset or, failing that, compensate, to achieve no overall negative impact on biodiversity or on balance a net gain.

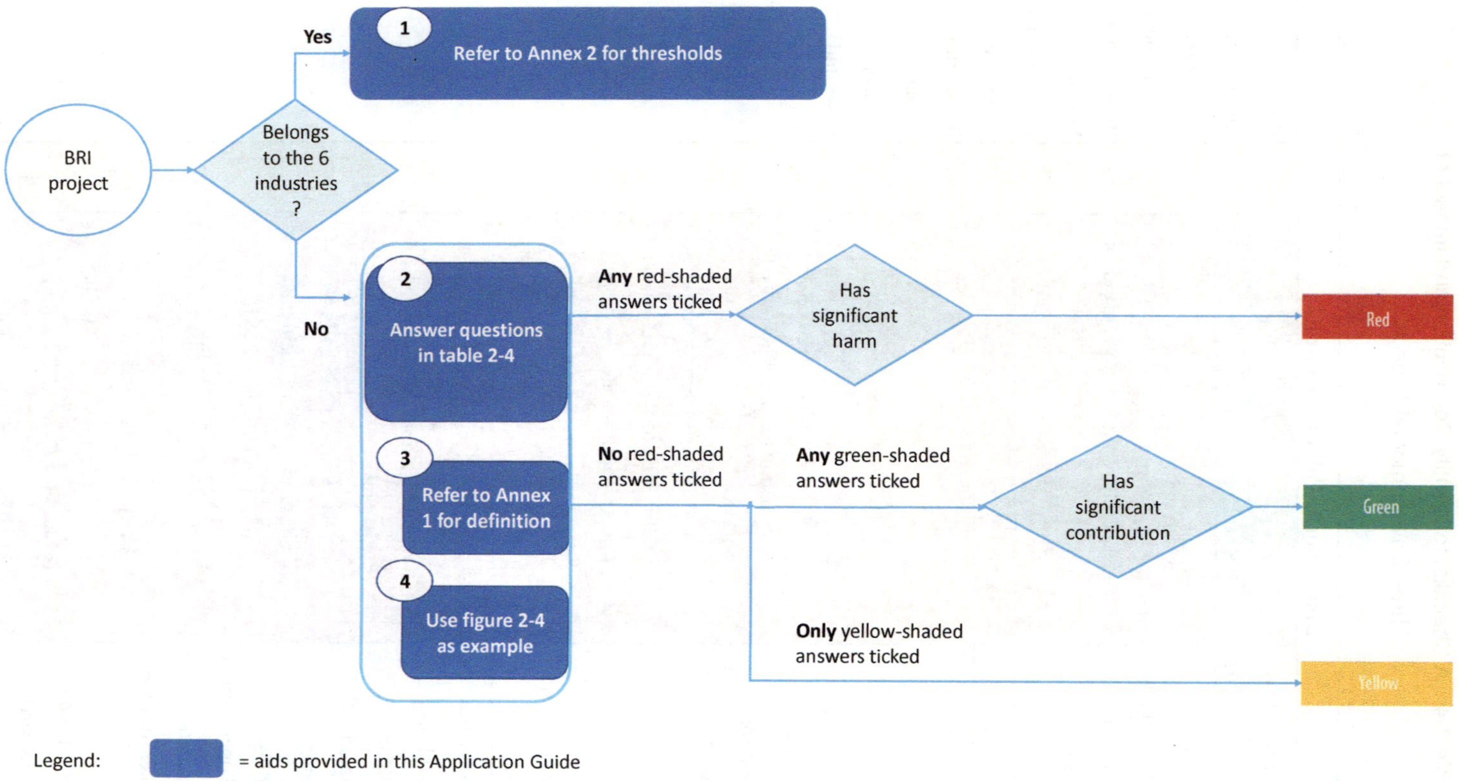

Figure 2-3 The Four Aids in Application Guide

Source: Authors.

Table 2-4 A Checklist to Identify Contribution and Impact of Three Environmental Aspects

Question	Yes/No Answer			Reference
Dimension 1: Pollution control				
Will the project contribute to an absolute reduction of pollution?	○ Yes		○ No	IFC Environmental and Social Management Implementation Manual Host Country Laws and Regulations China Environmental Laws and Regulations
Will the project result in significant environment impact by a release of local pollutants due to routine or non-routine circumstances?	○ Yes	For example: boilers, diesel generators, incinerators, grinders, etc.	○ No	
Will the project generate significant amount of non-hazardous waste? • Will the construction and operation of the project generate significant (or substantial) amounts of stationary waste? • Will the solid waste be discharged into landfills during the construction and operation of the project?	○ Yes	For example: waste from equipment maintenance, fly ash and bottom ash from coal-fired boilers For example: soil, groundwater, and/or surface water contamination due to inappropriate discharge of stationary waste	○ No	
Will the project involve the manufacture, trade, release, and/or use of hazardous chemicals and/or materials? • Will the wastewater generated during the construction and operation of the project be discharged into nearby rivers, lakes, or other water bodies? • Will the treated wastewater fail to be reused (in part) during the construction and operation of the project?	○ Yes	For example: boiler discharge, waste oil For example: contamination of soil, groundwater (due to seepage) and/or groundwater (due to runoff); Contamination of the water body and aquatic life into which the wastewater is injected; Eutrophication of water bodies due to high BOD or COD leading to biodiversity damage	○ No	

Question	Yes/No Answer		Reference
Will the project involve the manufacture, trade, release and/or use of hazardous chemicals and/or materials? • Will the construction and operation of the project generates hazardous or toxic solid or liquid wastes, such as chemical residues and sludge from the company's wastewater treatment sites? • Will any chemicals/materials that are banned or restricted be used in the construction and operation of the project?	○ Yes For example: chemicals or materials that are internationally banned or phased out, and pesticides that may have a negative impact on the environment or human health For example: improper discharge of hazardous wastes (e.g., used oil, oil-soaked filters, rags, etc.) that can cause contamination of soil, groundwater For example: failure to comply with regulatory requirements for such materials, use of chemicals/materials that cause air, soil or water contamination, or that put workers or consumers at increased risk of exposure	○ No	
Will the construction and operation process of the project generate significant noise?	○ Yes	○ No	
Dimension 2: Climate			
Does the construction and operation of the project make a significant contribution to the climate resilience and adaptability?	○ Yes For example: climate-resilient cities, levees, climate-resilient agriculture	○ No	MDB-IDFC Common Principles for Climate Change Adaptation Finance Tracking Climate Resilience Principles (Climate Bonds Initiative)
Does the project accelerate the pathway to a net-zero emission carbon economy in line with the Paris Agreement?	○ Yes	○ No	United Nations Framework Convention on Climate

Question	Yes/No Answer		Reference
Will the project result in significant greenhouse gas emissions and/or exacerbate climate change?	○ Yes That is, the project has the potential to pose a significant threat to the achievement of the Paris Agreement For example, the construction and operation of the project will require large amounts of electricity, fossil fuels such as coal/natural gas/diesel, etc.	○ No	Change (UNFCCC) Climate Bond Taxonomy Science-based Carbon Target Initiative (SBTI) China Green Bond Endorsed Project Catalogue EU taxonomy for sustainable activities
Does the project contribute significantly to other projects (such as expanding the lifecycle) of industries that undermine the Paris Agreement?	○ Yes That is, the project has the potential to make a significant contribution to other projects in industries that are not in line with the Paris Agreement (e.g., extending their life cycle)	○ No	
Dimension 3: Biodiversity			
Does the project contribute to the Convention on Biological Diversity, and/or to a higher biological diversity?	○ Yes	○ No	
Will the project activities pose a risk to endangered species?	○ Yes	○ No	
Will the project involve activities within or adjacent to critical habitats and/or environmentally sensitive areas?	○ Yes For Example: Railway projects located within 10 km of key biodiversity areas, or with supply chain affecting key biodiversity areas	○ No	
Will the project pose a direct risk of introducing invasive alien species?	○ Yes	○ No	IUCN Red List of Threatened Species; Integrated Biodiversity Assessment Tool
Will the project involve the production or harvesting of natural resources?	○ Yes For example: natural forests, development of plantation, or reforestation, livestock or aquatic species	○ No	

Question	Yes/No Answer		Reference
Will the project include activities that require significant consumption of raw materials, energy and/or water? • Will the construction and operation of the project require significant amounts of fresh water? • Will the construction and operation of the project require the occupation of a significant amount of land or the conversion of a significant amount of land use?	○ Yes For example: risk of soil degradation and/or biodiversity loss	○ No	
Will the project cause transboundary or global environmental problems?	○ Yes	○ No	

Source: (UNDP, 2016) and authors.

The "*Yes/No Answer*" column guides assigning projects to color-coded categories. Tick checking any red-shaded answers would mean the project has significant environmental harm and should be categorized as "red". Tick checking all the yellow-shaded answer indicates the project has neither significant harm nor contribution to the environment and therefore is "yellow". This puts the remaining cases automatically to the "green" category: they tick check at least one of the green-shaded answers which confirms a project's positive contribution.

In addition to the "*Reference*" column in the table below, enterprises can also refer to Annex 3 for additional the environmental impact identification and management tools by industry or by theme. It provides the environmental impact and threshold criteria related to specific industries and environmental issues.

3. the Annex 1 provides the detailed definition of concerned concepts. It is necessary to consider the contributions and impacts compared to the status quo or no-project scenario and determine whether these absolute impacts are "significant",

i.e., “significant” and/or “irreversible”. Note that when ticking the “No” answers assessing the negative impact of the project, all **6 dimensions** of:

- Extend and spread magnitude of the impact, including the Indirect impact through transfer to associated projects and activities,
- Duration of projects,
- Sensitivity of the affected area,
- Manageability,
- Risk of accidents, and
- Reversibility should be considered.

4. The following example of a power transmission line project walks the user through how to reach a “Yes” or “No” answer in Table 2-4 considering the 6 dimensions. The case is extracted from a Power System Expansion Project in Nepal, the finance contract of which was signed in 2015 with the European Investment Bank (EIB), Asian Development Bank (ADB) and others. The borrower is the Federal Democratic Republic of Nepal, represented by the Ministry of Finance, while the final beneficiary and project-implementing agency is the Nepal Electricity Authority (NEA), a fully state-owned power utility. Below Figure 2-4 shows how the Question “Will the project result in significant greenhouse gas emissions and/or exacerbate climate change?” in Table 2-4 is checked as “No” in this instance.

2.2.2.5 Assess the Mitigation Measures

The project classification emphasizes environmental management and continuous improvement. The project categories can either upgrade or downgrade to the transferred categories, such as “red/yellow” and “red/green”, depending on the agreed and applied adaptation and mitigation to neutralize negative impacts along project lifecycle process, as shown in Figure 2-2.

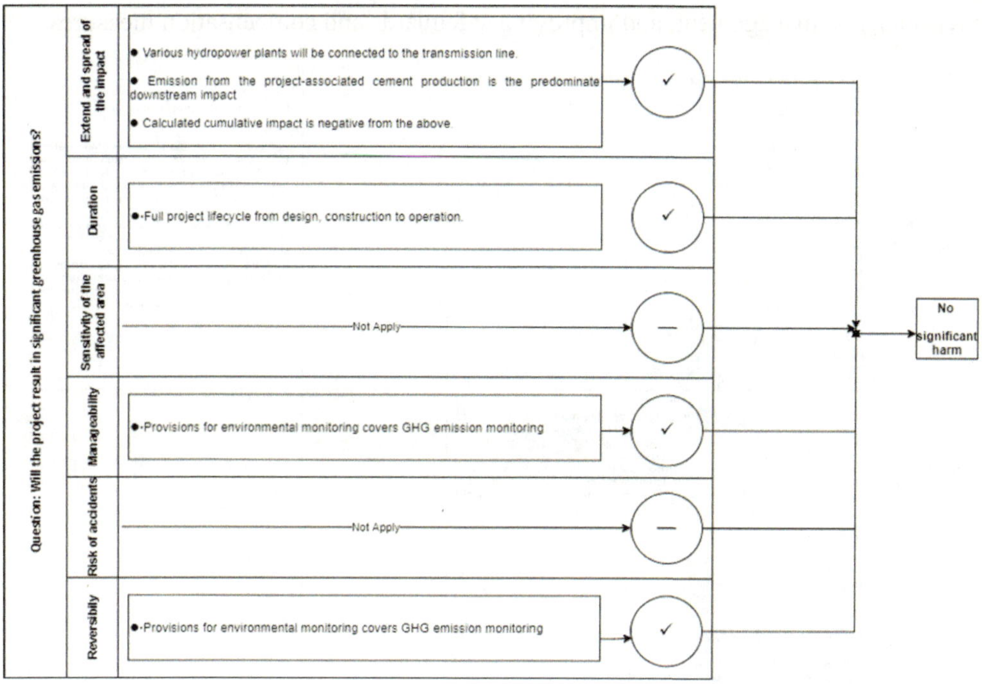

Figure 2-4 An Example of Decision on Project has "No" Significant Impact

Source: (EIB, 2021), (ADB, 2014) and the authors.

The enterprises are encouraged to adopt the "mitigation hierarchy" to manage and mitigate impacts on all three environmental aspects of climate, environment, and biodiversity. For projects fall into the 6 key industries, the effective and economically viable measures of mitigation measures are showcased in Annex 2. Further, enterprises can achieve improved environmental performance through project planning, technology selection, engineering process design, project management, and safeguards. Taking hydropower projects as an example, the below Figure 2-5 shows the possible measures the enterprise can take to mitigate impacts and improve performance, in a favored order of avoidance, mitigation, restoration, and offset and compensation.

For "red" projects whose impacts cannot be fully offset and to upgrade the project into higher categories, enterprises can still minimize the negative impacts of the project through continuous innovation and application of technology, improving project environmental management, and improving safeguards and compensation measures.

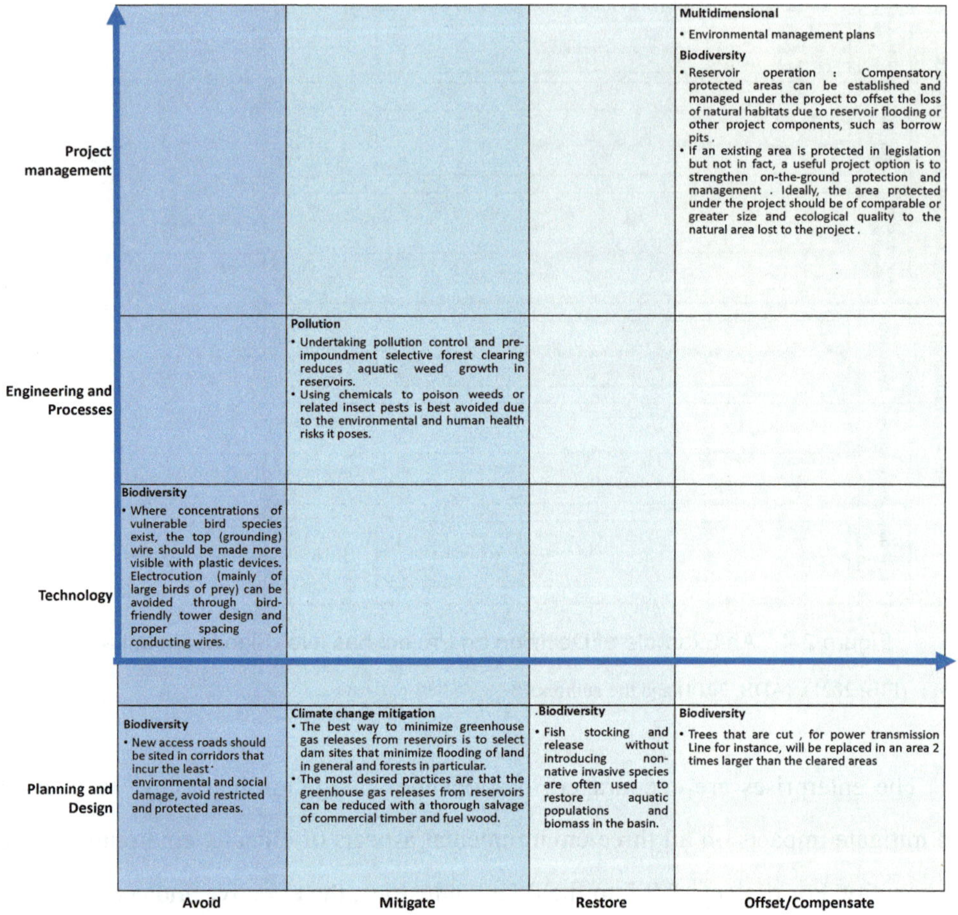

Figure 2-5 Example of Environmental Impact Mitigation Measures for Hydropower Projects

Source: (IFC, 2015) and authors.

2.2.3 A Template to Present the Self-Evaluation

To facilitate the self-evaluation, this section provides a template form (Table 2-5) which enterprises can fill in by following the instructions in this chapter.

To help enterprises better prepare project environmental information and understand its subsequent use, Chapter 3 Section 3.2 further describes how financial institutions, such as banks and financial leasing companies, can use the self-evaluation information in their internal credit approval decisions and project risk management.

Table 2-5 Self-evaluation and Project Classification Form

Project name		
Company name (in the host country)	Name:	Legal representative:
	Address: xxx	Contact person and contact details:
Company name (in China)	Name:	Legal representative:
	Address:	Contact person and contact details:
Supervising authority/authorities		
Registered Capital	______Million USD, with ______ % of the shares held by the Chinese party and ______ % by the foreign party	
Shareholding structure	Name of Chinese shareholder Share ratio: ______%	
	Name and shareholding of foreign shareholders: ______%	
Place of registration	Country: ______ Province (State): ______ City: ______	
Method of establishment	Newly established ○	Mergers and acquisitions ○
Business Scope		
Industry/sector		
Investment size	Total investment ______ million USD Amount of investment by the Chinese side ______ million USD	
Is green development included in the corporate strategy?	○ Yes	○ No
Is a negative list based on environmental performance of the project established for the project screening?	○ Yes	○ No
Is a regular environmental risk monitoring mechanism for invested projects established and applied to asset portfolio management?	○ Yes	○ No

<table>
<tr><td rowspan="3">Does the project cause or potentially cause a significant harm to one or more environmental objectives listed in the right-hand column?</td><td>Pollution prevention and control
○ Yes ○ No</td><td rowspan="3">Comment:</td></tr>
<tr><td>Climate change mitigation/adaptation
○ Yes ○ No</td></tr>
<tr><td>Biodiversity protection
○ Yes ○ No</td></tr>
<tr><td rowspan="3">Does the project make a significant contribution to one or more environmental objectives listed in the right-hand column?</td><td>Pollution prevention and control
○ Yes ○ No</td><td rowspan="3">Comment:</td></tr>
<tr><td>Climate change mitigation/adaptation
○ Yes ○ No</td></tr>
<tr><td>Biodiversity protection
○ Yes ○ No</td></tr>
<tr><td rowspan="3">Does the project employ sufficient and adequate mitigation and/or compensation measures to manage the potential negative impacts that the project may cause on the environmental objectives listed in the right-hand column?</td><td>Pollution prevention and control
○ Yes ○ No</td><td rowspan="3">Comment:</td></tr>
<tr><td>Climate change mitigation/adaptation
○ Yes ○ No</td></tr>
<tr><td>Biodiversity protection
○ Yes ○ No</td></tr>
<tr><td>Result of Self-Assessment</td><td>The project is classified as:
☐ Green Project (encouraged category)
☐ Yellow Project (environmentally neutral projects with moderate impacts)
☐ Red Project (strictly regulated category)
☐ Transferred Category
☐ Red/Yellow
☐ Red/Green
☐ Yellow/Green</td><td>Comment/Justification:</td></tr>
<tr><td colspan="3">Additional Notes:</td></tr>
</table>

Document number of approval or filing by the relevant national authority (where relevant)		Name and number of qualification document(if required)	
The Company guarantees the authenticity of the information provided in this form and undertakes to carry out overseas investments in accordance with the relevant environmental laws and regulations of China and the host country. (Stamp) Date			
Initial check		Review	

Source: authors.

2.3 From Self-Evaluation to Improved Environmental Performance

Starting and apart from the project classification, enterprises can continue improve their environmental performance following and making use of the Guidance.

2.3.1 Enhance Informed Decision-Making and Transition to Sustainability

The Green Development Guidance for the Belt and Road Projects is a “dictionary” tool that gives a clearer definition of what constitutes an environmentally sustainable activity and project, and under what circumstances. It gives enterprises clear guidance and provides the necessary confidence to the market and the public.

Through the project classification via self-evaluation, enterprises can understand the environmental impact of their engaged projects and the industry to which it belongs. By drawing more attention to the consideration of environmental factors in policy and strategy formulation and investment decision, and by laying out the action options from financial institutions and governments both rewarding and punitive (details in Chapter 3 and Chapter 4), the Guidance helps enterprises adjust their investment strategies (Figure 2-6) in time and avoid the risks by understanding future policy trends and changes in the requirements of stakeholders such as financial institutions, especially for industries and projects with relatively high environmental impact such as projects labeled "red".

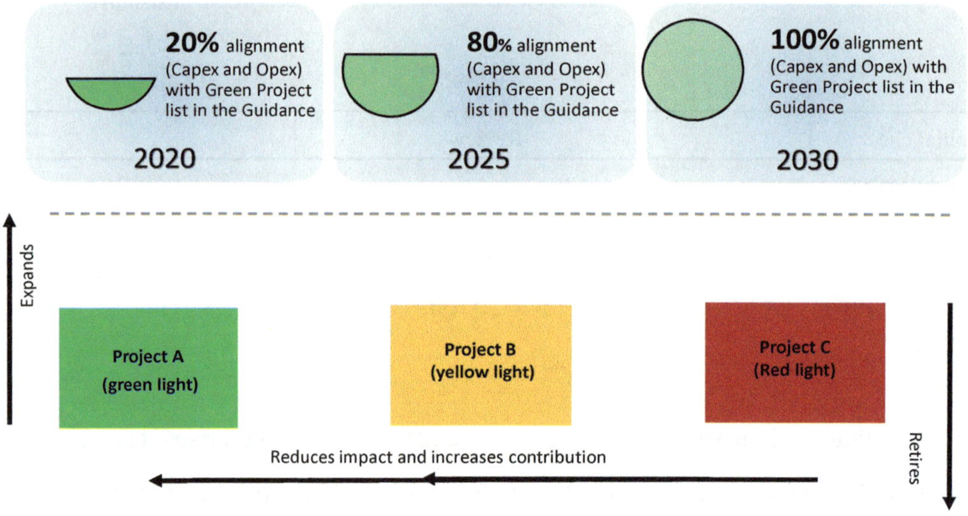

Figure 2-6 Example of Goal and Strategy Setting

Source: Authors.

In addition, the Project Classification and Self-Evaluation Form sets sustainable development goals and pathways for different industries. It helps companies and investors in different sectors to plan accordingly and to measure and report on the implementation of sustainable strategies. Specific implementation guidelines can be found in international practices, such as the EU Taxonomy guidelines (Usability) section.

2.3.2 Establish Project Lifecycle and Standard Management

The Guidance builds the foundation for enterprises to establish lifecycle management of project's environmental impact. While the project classification process maps out the necessary information useful in environmental management, the mitigation measure spanning all environmental aspects and the overall management plans also offer a starting point for enterprises to institutionalize and strengthen their environmental management comparable to the best practices and requirements/expectations form multi-stakeholders.

Enterprises are encouraged to establish the environmental (and social) management system (ESMS). Such system will help companies integrate environmental and social management-related rules and objectives into their core business operations① through a set of clearly articulated and repeatable processes. This allows enterprises to:

- Effectively address the emerging requirements from financial institutions as advised by the Guidance (Chapter 3).
- Manage environmental and social performance routinely and proactively, particularly for "red" projects that have high environmental risks.
- Develop measurable company/project objectives and targets, which are regularly reviewed and updated.
- Ensure in-house capacity is sustained. With environmental risk management being complex and spanning the whole project lifecycle (which can be several decades), relevant departments throughout the enterprise must be fully informed and capable to fulfill these responsibilities and duties also when personnel changes. This requires a deep integration of ESMS into the core management systems and corporate strategy.

2.3.3 Improve Reporting and Stakeholder Communication

The Guidance and the project classification self-evaluation can be used to help enterprises measure the "greenness" of a specific project, a portfolio and the

① Can be employed by the project company to support the implementation of Life Cycle Assessment (LCA) and Environmental Risk Assessment (ERA).

enterprise as a whole, and on this basis conduct effective, consistent and comparable project and corporate environmental disclosures and enhance the grievance redress mechanism to allow public oversight. Beyond the environmental accidents and violations of environmental agreements, the reporting and disclosure of environmental performance, ideally based on independent audit, helps enterprises identify performance gap and prioritize improvement actions, reduce transaction cost when liaising with financial institutions and working with investors in later project phases①, and adjust projects and their management in the early phases.

From applying the Guidance, the enterprises can also more proactively participate and lead in climate and eco-environmental processes and initiatives. This familiarizes or further helps enterprises in engaging with the key environmental actions happening domestic and globally, regarding but not limited to activities in BRI. Exploring these opportunities, enterprises can actively delivery on social responsibilities to enact positive change and provide business solutions to the achievement of sustainable goals. Table 2-6 demonstrates how some of such initiatives is closely relevant to applying the Guidance and how it would be mutual reinforcing for enterprises.

Table 2-6 Examples of Global and China Domestic Initiatives Relevant to the Guidance

Environmental Aspects	Initiative	Requirements	How the Guidance helps
Environmental protection	The CEO Water Mandate by United Nations Global Compact (UNGC)	Enterprises identify and reduce critical water risks to their businesses, seize water-related opportunities, and contribute to water security and the Sustainable Development Goals (SDGs)	The report classification and mitigation measures guide the avoidance, mitigation, restoration, and offset and compensation for potential pollution impact throughout project lifecycle

① For example, these investors will require a full account of the project's performance for their due diligence, which would otherwise have to be prepared retrospectively.

Environmental Aspects	Initiative	Requirements	How the Guidance helps
Climate change mitigation	• The Science-Based Target Initiative by United Nations Global Compact (UNGC), World Resources Institute (WRI), World Wildlife Fund (WWF) and CDP • The 2030 Carbon Peaking and 2060 Carbon Neutrality targets of China • The Renewable Energy Buyers Alliance	• Enterprises set carbon emission goals that is at least aligned with the Paris Agreement and implement with a clear roadmap • Calls for purchasing of electricity from renewable sources	The project classification requires GHG emission evaluation and alignment with Paris Agreement, with classification mechanism, thresholds and mitigation measures provided
Biodiversity	The Business Engagement Programme and The Global Partnership for Business and Biodiversity by Convention on Biological Diversity (CBD)	Enterprises measure, report, and build the business case for biodiversity and integrate biodiversity into their practice and strategies	The classification and mitigation measures guide the avoidance, mitigation, restoration, and offset and compensation of biodiversity impact throughout project lifecycle
Multi-dimensional	• The Global Reporting Initiative (GRI) • The CASS-CSR Reporting Guidelines	Enterprises disclose the strategy, progress, key performance indicators (including accidents) and governance for climate and eco-environmental performances	The information collection and impact evaluation process of the Guidance facilitates the reporting on related items

Source: Authors.

Chapter 3. Application Guide for Financial Institutions

Financial institutions are critical to mobilize financing to BRI at scale and at speed for the transition into green development pathways. There is a growing need from financial institutions to reassess their investments in industries that impacts climate change and other environmental goals. Currently Over 150 financial institutions have restrained their coal policy by mid-2021 and opted away from coal financing (IEEFA, 2021). The disclosure principles and frameworks continue to be refined and harmonized with a growing number of financial institutions start prioritizing the ESG (Environmental, Social and Governance) investment, putting more stringent requirements on clients' environmental risks management.

Recognizing this need, the *Green Development Guidance for BRI Projects Application Guide* provides financial institutions with a systematic approach to shift finance towards green projects. By setting out a detailed action plan that covers major activities along a financed-project's lifecycle, the Guide helps financial institutions improve environmental performance, reduce the climate and eco-environment related risks, and gaining more traction from a wide range of stakeholders in the pursuit of climate and sustainability goals. The Guide develops on the "1+9" recommendation from the Green Development Guidance and proposes actions that aim to be ambitious but also practical for immediate and near-term adoption.

3.1 A Roadmap for Financial Institutions

3.1.1 Overview of Embedding the Guidance into Project Lifecycle

The "1 project classification mechanism" and "9 recommendations" of the Guidance recommends an integration of relevant standards and processes at different investment stages and within different departments. The Guidance emphasizes the environmental impact evaluation and risk management throughout the project finance lifecycle. Financial institutions are guided to reduce and mitigate environmental risks as much as possible, while making the remaining risks manageable from the project initiation, to the project evaluation, project implementation and reporting. Table 3-1 presents an overview of the actions, resources needed, desired outcomes and benefits for a financial institution to embed the recommendations into the lifecycle of its financed project.

Table 3-1 The Resource and Action to Integrate Green Development Guidance into Project Cycle

Project phase	Human Resources①	Goal	Actions	Outcome
Project initiation	• Due Diligence • Credit Management Department	Ensure developer understand ESG requirements of financial institution	Share relevant documentation and reporting requirements For financial institutions with relevant sector/environmental expertise, directly work with project owner; otherwise encourage use of relevant experts	Reduced transaction costs when moving from project initiation to project evaluation
Project evaluation and design	• Due Diligence • Credit Management Department • E&S, ESG or CSR Department	Identify and evaluate all relevant environmental risks	Application of relevant environmental and social impact assessments (ESIA): • Sector specific ESIAs • Maximum stringency between local, Chinese, and international ESIA standards, particularly for red, red/yellow and red/green projects Define whether ESIA needs to be done by • Project owner • Third-party • Independent third party Consultations with local stakeholders throughout project evaluation and design about environmental concerns	Understanding of environmental risks from the early phases

① Depending on the specific bank's structure

Project phase	Human Resources [1]	Goal	Actions	Outcome
Project evaluation and design	• Due Diligence • Credit Management Department • E&S, ESG or CSR Department	Identify implementation alternatives	Expert evaluations of different technologies, and different project sites etc.	• Discovery of lower risk alternatives • Reduction of social risk
	• Due Diligence • Credit Management Department • E&S, ESG or CSR Department • Risk Management Department	Identify and define environmental risk mitigation measures to be implemented in construction and operation	International sector guidance, such as that provided by IFC, CBI among others (see also Annex 2)	Decide on risk mitigation measures
	• Due Diligence • Credit Management Department • E&S, ESG or CSR Department • Risk Management Department	Define environmental risk reporting metrics (including third party measurement, reporting and verification of environmental reporting)	metrics could include either specific key performance indicators (KPIs) or general information on status and details of: • Environmental pollution • GHG emissions • Waste • Water usage/water quality upstream/downstream • Environmental accidents • Air quality • Soil quality • Biodiversity indicators • Others	Maximize understanding of environmental risks
	• Due Diligence • Credit Management Department • E&S, ESG or CSR Department • Risk Management Department • Legal Department	Define and agree on covenants for environmental underperformance / define performance-based benefits	Environmental risk reporting Covenants and performance-based benefits should depend on reported KPIs	Clear management of remaining environmental risks
	• Due Diligence • Credit Management Department • Legal Department	Document all relevant procedures for future reference	Environmental and social risk management system	Ensure legal compliance, ensure international financing standard compliance

Project phase	Human Resources	Goal	Actions	Outcome
Project implementation & construction	• Compliance Department • Credit Management Department • Procurement Department	Ensure environmental risk mitigation measures are implemented during construction phase	Send independent consultants/auditors to evaluate construction site with clear environmental criteria	Application of environmental risk management
	• Compliance Department • Credit Management Department	Implement early warning system for environmental risks	Implement public grievance mechanism Deal with public complaints early and in a transparent manner	Reduce social risks, directly understand grievances from the project (rather than through project reporting)
Project management & reporting	• Compliance Department • Credit Management Department • E&S, ESG or CSR Department	Receive regular reports on environmental performance	Depending on project's environmental category, reporting should be • Quarterly (red, red/yellow, red/green) • Bi-annually (yellow, green)	Ensure knowledge of project performance to reduce environmental risk exposure
	• Compliance Department • Credit Management Department • E&S, ESG or CSR Department	Ensure environmental risk mitigation measures are implemented during operation phase	Send independent consultants/auditors to evaluate construction site with clear environmental criteria	Application of environmental risk management
	• Compliance Department • Credit Management Department • E&S Department • Legal Department	Adjust environmental risk measurement and apply covenants if needed	Negotiations with project owners and bank syndicate if performance does not meet agreements and requirements	Most drastic step to reduce environmental risks
De-commissioning/ sale/ transfer	• Credit Management Department • Legal Department	Reduce transaction cost in offloading asset Reduce environmentally related legal risks	Keep all relevant environmental documents up-to-date and securely stored Share relevant information with future owner of asset	Faster offloading of asset Lower transaction cost

Source: Authors.

Financial institutions need to include themselves early in project design, to understand environmental and social (and governance) (ESG) risks, to communicate the requirements of the financial institution to the project developer and project company and to set up mechanisms to evaluate and receive reports on the project's environmental performance.

The Guide shall be implemented voluntarily with the commitment to accelerate "green" projects and reduce environmental risks of "red" projects in the BRI. Financial institutions and enterprises are encouraged to add no new "red" projects and phase out existing exposure to "red" projects by focusing investments on "green", "yellow" and "transferred category" (e.g., "red/yellow and "red/green") projects in their portfolio with an ambitious timeline.

3.1.2 Key Action Points to Apply the Guidance

3.1.2.1 Establish the Exclusion List

Financial institutions provide exclusion list of projects whose environmental risks are not acceptable to the financial institution. For example, many developing finance institutions, such as the Asian Infrastructure Investment Bank (AIIB), have developed an exclusion list that excludes environmental harmful projects to be considered by the bank. Similarly, many commercial financial institutions have excluded various projects, such as for high carbon emissions including coal mining and coal-fired power plants from their project finance.

Financial institutions are encouraged to develop their exclusion list of projects based on environmental considerations, depending on the risk appetite of the bank, and the global goal of achieving both climate and biodiversity protection. The exclusion list should be registered to the financial institution's policy as part of its high-level commitment and reflected in sector, and business strategies with clear cutoff lines to ensure the exclusion is decision useful.

The exclusion listing of coal-financing is one of the most urgently evolving actions. China is rapidly moving across the tipping point exiting overseas coal projects and financing. President Xi announced during the UN General Assembly in September 2021 that China will increase financial support for green and low-carbon energy projects in developing countries and will not build any new coal-fired power projects abroad. The Bank of China (BOC) has pledged to exclude financing for new overseas coal mining and coal power projects from the 4th quarter of 2021.

In practice, financial institutions need to adopt a structured framework both guiding and monitoring the exclusion of coal-related financed projects and clients (Figure 3-1), to concretely carry out the commitment to putting an end to coal financing.

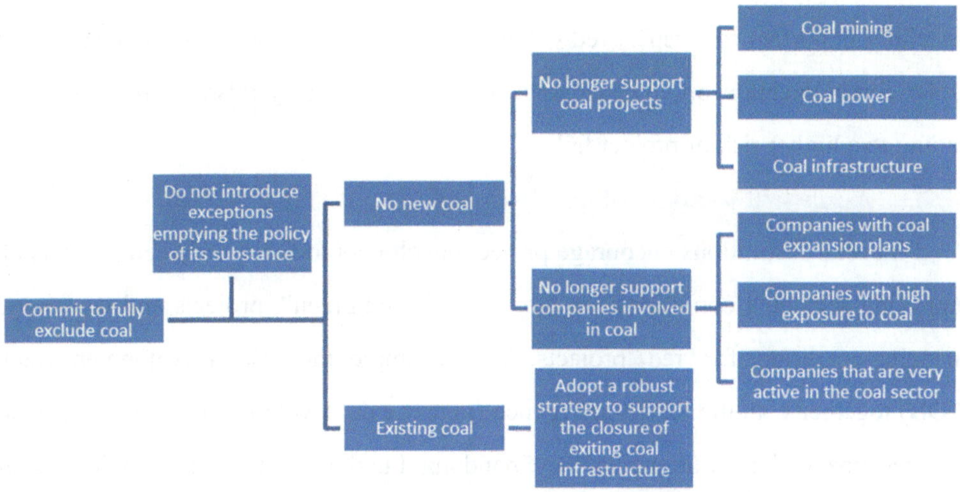

Figure 3-1 A Framework of Exclusion Listing Coal by Financial Institutions

Source: (ReclaimFinance, 2021) and authors.

3.1.2.2 Require Environmental Impact Assessment

While many countries require EIAs, in cases where the quality and relevance are not sufficient, financial institutions can reference the guidance from home country regulators or the standards from the International Finance Corporation (IFC) Performance Standards and the Equator Principle for Financial Institutions, to protect themselves against risks by adopting the higher standard.

The financial institutions should require the project developer to conduct EIAs through independent consultants based on international and/or Chinese standards, particularly for "red", "red/yellow" and "red/green" projects (see Chapter 1 section 1.2.1 for concepts and definition). For high risk "yellow" projects, particularly those adjacent to key biodiversity areas, financial institutions are encouraged to define the threshold and consider putting down requirements on EIA based on Chinese and/or international standards.

To ensure public access and acceptance of the EIA, the financial institution requires the EIA to be publicly available before construction starts to receive final feedback and integrate relevant improvements into the project design. This is especially important for "red", "red/yellow" and "red/green" projects that insufficient public communication on environmental impact could easily raise public discontent leading to a higher risk of project failure.

3.1.2.3 Apply Differentiated Conditions

Financial institutions encourage project developers to focus on green projects by improving financing conditions for "green" and "red/green", projects and worsening financing conditions for "red" projects. As an example, the Asian Development Bank (ADB) together with the KfW, the Agence française de développement (AFD) as well as other financial institutions in the Shandong Fund in China, has provide better financing conditions for transformative green projects that contribute the most to the net-zero emission, including larger funding share, longer tenor and discounted interest rate in debt financing (ADB, 2021) .

This mechanism allows financial institutions to accelerate the green transition of their own loan portfolio to reduce environmental risks, which requires both a di-vestment from non-green projects and an accelerated investment into green projects, as it attracts more project developers with green projects compared to brown projects.

3.1.2.4 Environmental and Social Management System (ESMS)

While it is important to evaluate risks early, environmental and social risks will be part of any larger project. Particularly in infrastructure projects, whose lifetime can be expected to exceed 20 years, project companies need to continuously manage environmental and social risks. The earlier an ESMS is set up, the better the project's environmental and social risks will be reduced and managed.

A financial institution has three important incentives to require the project company to implement a rigorous ESMS from the outset of the project to construction phase:

- **To share the environmental management risks with clients and take on environment-related social responsibility**. For the project company to be more aware of risks and be able to identify, report and manage risks accordingly.
- **To reduce financial risks** for the financial institution while it is a stakeholder in the project.
- **To more easily sell the asset** when the financial institution wants to offload the project from its balance sheet. Other financial institutions most likely want to evaluate the environmental and social risks that the project had experienced and need certainty that these risks will be managed properly in the future.

The financial institution should accordingly require regular reporting from the ESMS, particularly for "red", "red/yellow" and "red/green" projects. Ideally, the financial institution can standardize its environmental reporting requirements across its portfolio to minimize transaction cost within the financial institution.

3.1.2.5 Establish Grievance and Response Mechanism

Financial institutions can increase their early warning system of social and environmental risks by setting up a transparent and easy-to-access grievance and response mechanism. This mechanism complements the grievance measures taken by clients and allows stakeholders affected by violations of environmental or social standards by the project to share their grievance with the financial institution. The grievance mechanism helps avoid risks from information imbalance and asymmetry therefore enhances the financial institutions' environmental and social risk warning system.

It is difficult for financial institutions to conduct field research for all projects they provide services for even for large projects where due diligence EIA have been conducted. Environmental and social controversies may inevitably arise during the implementation process especially for overseas projects (Figure 3-2), where the financial institutions often have less knowledge on local contexts. A grievance mechanism helps financial institutions:

- **Reduce losses by avoiding escalated conflicts and resolving project risks as early as possible.** By allowing affected stakeholders to solve potential problems through commercial channels, rather than through public channels including media, it allows financial institutions to better engage with relevant stakeholders, including locally relevant NGOs to understand and address environmental and other concerns.
- **Urge their clients to improve their ability** to manage the environmental and social risks of their projects, implement compliance policies, and resolve negative project impacts and related risks in a timely manner.
- **Optimize their internal systems and processes for managing risks,** including improving project screening, evaluation, and implementation, information disclosure, and the overall risk management capabilities and governance of financial institutions.

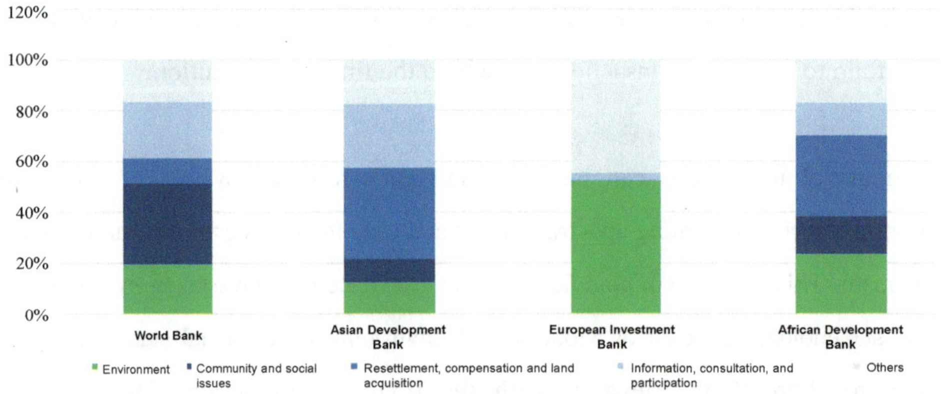

Figure 3-2 Thematic Distribution of the Grievance Cases from Major Multilateral Development Banks

Source: (World Bank, 2020) (Asian Development Bank, 2021) (European Investment Bank, 2021) (African Development Bank, 2021) and authors①.

① Environment-related issues ones pertaining to pollution prevention and abatement, biodiversity conservation, sustainable management of natural resources, climate, occupational and community health and safety, and conservation of physical cultural resources. The cases are accumulated along different period due to reporting variance: World Bank 1995 - 30 June 2020, ADB 2004 - 31 March 2021, EIB 2016 – 2020 and AfDB 2006 – 2020.

The financial institution should set itself a goal to respond and feedback to received complaints through its grievance mechanism, and this could include the policies and measures on dispute resolution, compliance investigation, remediation of the harm and improvement on management. Clear process setup can increase trust in the project, and thus reduce social risks for the project. For example, the World Bank's road project in Andra Pradesh, India, has a benchmark to first answer to complaints within 10 working days, and provide a detailed answer within 30 days. A financial institution should communicate this process publicly. Figure 3-3 shows the building blocks and an example of how to set up a grievance redress mechanism.

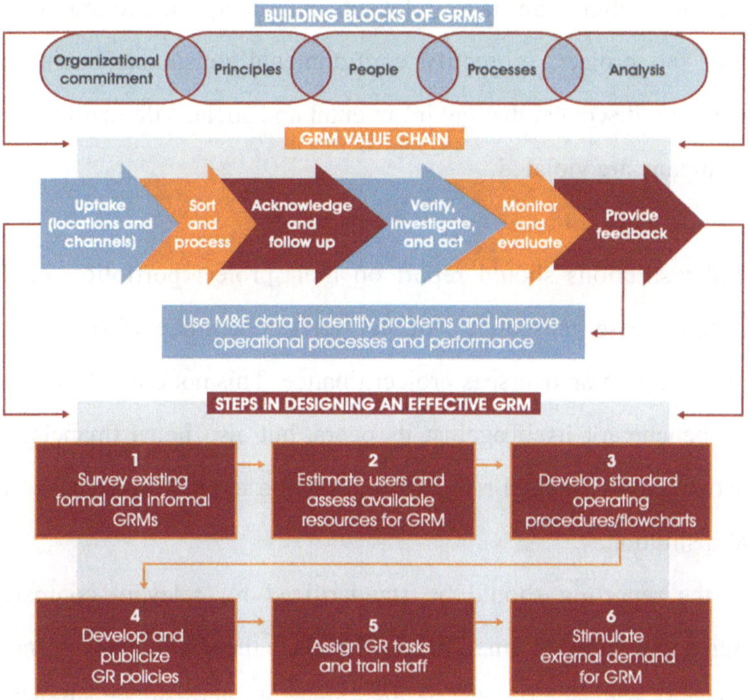

Figure 3-3 Grievance Redress Mechanism: A Framework

GRM=Grievance Redress Mechanism

Source: (World Bank, 2016)

3.1.2.6 Use Covenants

Covenants are an important tool for financial institutions, particularly lenders, in project finance to manage the high financial exposure. The covenants usually provide financial lenders the possibility of:

- Mortgage interest and assignment pledge over physical project assets, contracts and insurance policies
- Assignment of Special Purpose Vehicle (SPV) shares
- Control over project revenues and cash flows via the account agreement
- Step-in rights to remedy and cure potential defaults. This also allows the lender to replace project counterparties and assign contracts to third parties.

Financial institution can take relevant measures, in extreme cases declare bankruptcy of the project, to rectify environmental mismanagement in case the financial institution discovers that environmental and social safeguards agreed to with the project company are violated.

3.1.2.7 Require Public Environmental Reporting

Financial institutions should report on their project portfolio's environmental performance to increase transparency of their environmental performance, this should include the information on overseas project finance. This not only allows the financial institution to benchmark itself against its peers, but also helps financial institutions reduce their own environmental risk exposure, while improving access to finance for the financial institution.

Ideally, the reporting should be standardized for relevant comparison. Such environmental and related information could include the share, number and volume of different types of projects ("red", "red/yellow", "red/green", "yellow", "green"), relevant emission data, relevant biodiversity data, relevant risk evaluations.

3.1.2.8 Enhance International Cooperation

Financial institutions can share environmental data with relevant global authorities to support global data repositories on climate and biodiversity. For example, the Equator Banks share both climate and biodiversity data of their investments. It is also beneficial for financial institutions to participate in the global environmental cooperation initiatives where thematic, peer-to-peer or multistakeholder conversation and learning are taking place.

3.2 Putting Project Classification in Action

3.2.1 Provide Incentives for Self-Evaluation

Financial institutions play an inevitable role in the coordinated action to apply the project classification mechanism for BRI projects. The major responsibility to conduct environmental risk evaluation of a project lies with the project company or developer[①]. However, as financial institutions carry the majority of financial risks of the project, they have an inherent interest to reduce environmental risks of projects and thus guide and verify the environmental risk evaluation.

The Guidance proposed project classification mechanism facilitates the delegation of impact evaluation to client companies by creating an aligned understanding of environmental risks. Supported by the classification mechanism, financial institutions can encourage project companies to self-evaluate and report on project risks (including environmental risks) according to the common standard and work closely with project owners to evaluate and reduce environmental risks as early as possible, and if need be to conduct an independent environmental risk evaluation at different project stages, e.g., during project initiation, during construction, during operation.

Incentivizing clients to conduct self-evaluation helps financial institutions improve their environmental performance in an efficient manner. While independent project evaluations are an important tool to reduce environmental risks, they are also expensive. Accordingly, financial institutions should encourage project companies to evaluate, manage and report on environmental risks as diligently as possible from within the project to give the project company the opportunity to be incentivized to

① Depending on whether the project company has been set up already.

include environmental risk considerations. The financial institution can design and apply several incentives, such as:

- **Transparency and consistency** - Providing clear guidelines and performance standards in regard to environmental risk management requirements. These standards and requirements should be clearly communicated as early as possible, desirably during early project evaluation phase. This increases the understanding of the financial institutions' requirements for the project early on and allows interests and responsibilities to be aligned and shared accordingly.
- **Financial incentives** - This includes the environmental performance-adjusted financing conditions, such as the case of sustainability-linked loans, where higher environmental performance lowers financing rates.
- **Administrative incentives** - Higher reporting requirements for underachieving projects is an example to increase the administrative cost for projects of low environmental performance and risk management.
- **Threat of covenants** - By developing and inserting the necessary clauses on environmental matters into financial agreements, the financial institutions can resolve to legal recourse, such as taking-over relevant assets, in the case of non-compliance. The covenants could also include the possibility of independent review of environmental performance with relevant financial consequences should the independent review deviate materially from self-reporting by project company.

3.2.2 Evaluate and Verify Client's Self-Evaluation

Apart from motivating client companies to classify their BRI projects, financial institutions need to verify the client's evaluation result, and sufficiently understand the classification mechanism in order to arrange and manage independent evaluations.

A financial institution needs to evaluate and verify a project's self-evaluation to minimize its own risks associated with the project. As project finance is characterized by non-recursiveness, the financial institutions, rather than owners of the project company, predominately bear the consequences in case of default that could be triggered by environmental issues. Therefore, financial institutions must understand and manage their project finance risks for each project accordingly, which could be done by:

- **Understanding specific risks and mitigation measures in various sectors.** The section 2.2 in Chapter 2 and Annex 2 in this Guide provide relevant standards for different sectors, showcasing both potential environmental risks along the project lifecycle, as well as relevant measures to reduce, mitigate or adapt to the risk.
- **Employing both internal teams and independent third parties to audit the project early on.** Financial institutions also rely on external experts, where internationally a number of environmental audit companies exist to provide due diligence for different industries and jurisdictions. While delegating the project classification guided evaluation to client companies, the "red", "red/yellow" and "red/green", projects need always be independently evaluated due to their high environmental risk.
- **Assigning a lead financial institution in case of syndicated finance.** The assigned financial institution can take more responsibility for evaluating and verifying environmental risk evaluation and reporting for the whole syndicate (usually for a fee). This, however, should not stop individual banks to take responsibility of managing their own environmental risks in their project finance portfolios.

3.2.3 Match Project Classification to Differentiated Management

Upon receiving and completing the verification of self-evaluation, the financial institution brings the classification results into its environmental and social risk management system (ESMS). This includes the project category, compiled all environmental risks, agreed risk mitigation measures and key performance indicators. The purpose is to track and compare performance both across a project's lifecycle against the negotiated terms, as well as across projects of a financial institution for benchmarking purposes.

This is particularly important for projects that are categorized as "red/yellow" and "red/green". For such project environmental risk management through application of environmental safeguards is the basis for providing favorable terms such as better financing conditions. Should a material deviation materialize between agreed and de-facto environmental performance of a project, the bank can react accordingly, such as through covenants.

The financial institutions should apply differentiated management to projects in each category. A core consideration to accelerate greening a financial institution's portfolio, is to provide incentives for project developers to develop projects that are either green in the first stage of evaluation due to the project's sector characteristic, and/or in the second stage of evaluation due to the project's specific environmental safeguards and environmental management. Section 2.2.2.3 in Chapter 2 gives more detail on the two-step classification.

Further to section 3.1.2.3 in this chapter, the following Table 3-2 specifies all the differentiated management conditions adoptable for different project categories. Among these, **(1) "green" projects** are encouraged by having the best financing conditions and most simplified evaluation requirements; **(2) "red/green" projects** are incentivized by best financing conditions, while they require strict evaluation, environmental risk management and environmental impact reporting; **(3) "red" projects** similarly require such stringent risk evaluation, risk management and reporting, however, would be dis-incentivized by the worst financing conditions.

Table 3-2 Differentiated Management Measures for Each Project Category

	Red	Yellow	Green	Red/Yellow	Red/Green
Financing terms (e.g., interest rate, repayment holidays, tenor)	Worst	Medium	Best	Medium	Best
Evaluation requirements	Strict Example: based on international best practice criteria, such as IFC performance standards	Medium Example: based on Chinese or international best practice criteria	Most simplified Example: at least according to local laws	Strict Example: based on international best practice criteria, such as IFC performance standards	Strict Example: based on international best practice criteria, such as IFC performance standards
Environmental risk management requirements	Strict Example: based on international best practice criteria, such as IFC performance standards	Medium Example: based on Chinese or international best practice criteria	Most simplified Example: at least according to local laws	Strict Example: based on international best practice criteria, such as IFC performance standards	Strict Example: based on international best practice criteria, such as IFC performance standards
Environmental reporting requirements	Very strict Example: every 1-3 months, detailed KPIs or environmental impact data	Medium Example: every 6 months based on environmental impact data	Most simplified Example: every 6 months based on environmental impact data or KPIs	Strict Example: every 3-6 months	Very strict Example: every 1-3 months, detailed KPIs or environmental impact data

Source: Authors

All these requirements would be negotiated and transparently communicated with the project company during the early initiation phase of a project, before any term sheets are signed. Accordingly, financial institutions can take an important role for project developers to evaluate greener alternatives to less green projects in order to improve the overall financing conditions.

3.3 Overseas Project Standard Setting

Globally, financial institutions are working to reduce their environmental risks through several different measures. While some of these measures are government driven (e.g., Sustainable Finance Disclosure Regulation of the European Union), particularly those related to overseas finance and portfolio management are driven by sectoral or thematic associations (e.g., Equator Principles, Task Force on Climate-Related Financial Disclosures(TCFD), Taskforce on Nature-related Financial Disclosures(TNFD), Principle for Responsible Investment (PRI), etc.), or even directly by financial institutions (e.g., biodiversity frameworks of BNP Paribas, ASN Bank).

Chinese financial institutions can take an active role in setting relevant standards of green practice and environmental risk management. Currently, Chinese financial institutions are often under-represented in many of these initiatives. However, as a major provider for project finance in emerging countries, particularly through the Belt and Road Initiative (BRI), Chinese financial institutions can tap on their growing experience and footprint in global project finance, to contribute and benefit from two important aspects in BRI financing:

1. **Reduced environmental risks** within their own portfolios through a stringent risk management framework

2. **Accelerated co-financing** with international financial institutions adhering to a common and higher standard, which reduces transaction costs of financing and risks.

Chinese institutions should aim to build on existing frameworks, while they innovate and expand those for the relevant context. Many standards have been already developed with a particular focus on emerging markets finance: The Equator Principles and most of the environmental safeguards and performance standards (e.g.,

IFC, World Bank) are addressing commercial and development finance institutions in their goal to reduce environmental risks particularly in emerging countries with weaker environmental laws and weaker environmental law enforcement. Therefore, the efforts should focus on:

1. **Enhancing current standards** — Any ambition to contribute to international project standard setting should improve current standards, rather than undermine these.

2. **Balancing adaptation and standardization** — Any new standard needs to be applicable for financial institutions in their specific context, while providing a relevant level of standardization.

The *Green Development Guidance for BRI Projects* facilitates the setting standard of overseas project financing. The Guidance was designed based on global environmental project finance and green finance best practices and is a harmonized standard across many existing standards. At the same time, it pushes the frontier of global project finance in emerging markets by integrating relevant standards applied successfully within China (e.g., stipulations of the Green Credit Guidelines and the project catalogue logic of the Green Bond Catalogue). Specifically, the Guidance highlights:

- **A list of "green" and encouraged projects** for overseas investments
- **A list of "red"** and discouraged projects for overseas investments
- **A two-stage evaluation** of projects based on project characteristics and project implementation to allow for localization and adaptation
- **Holistic environmental evaluation along three environmental dimensions** of climate, pollution, and biodiversity
- **Harmonization** of global green finance and green project finance standards
- **Inclusion** of the regulators', financial institutions' and project developers' responsibilities

Applying and further developing the Guidance, Chinese financial institutions together with Chinese regulatory stakeholders can take a leadership

role and improve global standard setting for green overseas project finance. This will contribute to the call to “diversify financing channels, reduce financing costs, and welcome the participation of multilateral and foreign financial institutions in investment and financing cooperation[①]” in BRI construction.

① Remarks by H.E. Xi Jinping President of the People’s Republic of China at the Press Conference of The Second Belt and Road Forum for International Cooperation, 2019. http://www.beltandroadforum.org/english/n100/2019/0429/c22-1397.html

Chapter 4. Policy Support and Action Recommendations

The *Green Development Guidance for BRI Projects* provides a framework for both China and BRI project host countries to enhance green BRI development: the application of the "1+9" recommendations in enterprises and financial institutions demands policy guidance and support. To facilitate the application and further improve the Green Development Guidance, and better serve for the project green development and international cooperation needs from BRI countries, this report provides the following four recommendations for government and related departments.

4.1 Promote the Application of Green Development Guidance

Building upon the shared language created by the Guidance, further strengthen the policy collaboration among environmental and financial authorities, and the supervisory bodies of overseas investment and industrial development. The policy synergy from across regulatory and supervisory functions plays a crucial role in maximizing efforts delivering the green BRI development commitment. This needs actions on:

A synergistic policy framework relies on the **sufficient sharing** of environmental and investment information among policymakers and continues in investment monitoring. While investors engaged in BRI projects are supervised and regulated by various authorities, only when environmental performance, investment behavior, and risk assessment are timely communicated can individual policies be optimized.

The classification mechanism color-codes project and provides a **consistent rationale** in project monitoring and risks management of potential environmental impacts across policy and supervisory bodies. This will help optimize the project approval process, including measures such as the shortened approval time for "green" projects, increased supervision of "red" "red/yellow" and "red/green" projects, further guidance to effectively divest in extremely harmful "red" projects without substantial mitigation, and a heavier weight on environmental impact mitigation and management considerations before an investment is landed.

The search for and scaling of green solutions requires **collaborative support.** Particularly, the upgrade of "red" projects to better categories depends largely on the promotion of environmental and sectorial technologies, the incentive structure, and exploration of green finance offerings. Synergy across policies largely accelerates expanding the solution spectrum and needs to encompass the green development expertise among regulators.

4.2 Enrich the Green Development Guidance Content

While the Green Development Guidance and Application Guide first prioritize the structural and methodological aspects, further development of sector-detailed technical reports informed by application would essential the provision of tools for improving environmental performance of BRI investment and project, and enhancing the environmental management capacity among investors. This includes actions to:

Upgrade the transferable projects. This upgrade and transition to green is dual-tasked. Currently, the lists and mitigation measures for "red" projects and "transferred category" concentrate on broad sectors of the economy and could be expanded over time to granular sector breakdown. Meanwhile, getting the "green" projects right and ensure the compliance with the five underlying principles of project classification (section 2.2.1 in Chapter 2) is crucial in time of green project financing uptake. Redlining for malpractice could be drawn to alert possible down-grading of "green" projects (e.g., solar thermal power generation, wind power generation) if their environmental management fails to comply with the principles.

Pool out application cases and establish best practices of GDG adoption. Application cases from specific investors (e.g., developmental and policy banks, commercial, financial institutions), sectors, geographies could be encouraged, documented and shared. This will support extended demonstration and the accumulation of knowledge and partnerships to scale up actions. Such information pool could also serve as a valuable source for mutual learning among BRI countries and the design of capacity building programs.

4.3 Support Green Development in BRI Project Host Countries

The inclusion of impact mitigation and management is a novel feature for the Guidance and could provide reference for host countries to further improve regulation stringency with updated project regulatory and evaluation frameworks. Particularly for the BRI participating countries relatively weak in environmental governance, improving environmental standards and management on foreign investment is complex and capacity-intensive. The necessary requirements and implementation spread to cover many forms of investor activities where convergence and openness is needed, and requires the integration of local culture, customs, and policy requirements into the whole life cycle of project construction, operation, and management. Facilitated by the Guidance, host countries could work together with international investors and regulatory counterparts, to exchange expertise and strengthen the environmental and technological capacity building.

Local partners in host countries can also benefit from the Green Development Guidance and the Application Guide, to develop capacity and together with international investors, provide diversified finance with reduced cost to fuel up local green development. The Green Development Guidance and action trends from investors demonstrate how green BRI is becoming a crucial part of the conversation between investors and host sides. While many investors are on the way accelerating the shift away from “red” projects, **BRI project host countries could test the classification approach proposed by the GDG and prioritize and communicate the evolving demand for green projects** (e.g., Green projects and Red/Green projects), which could be more closely linked to their own climate and eco-environmental targets, transition paths and sector reforms. **Apart from forming a greener ask, BRI host countries are also encouraged to prioritize green projects with more conducive conditions.** Better financing conditions, such as streamlined administrative process and encouraging regulatory environment, will accelerate the growth of "green" project investment. Such enhanced financing mandate could also include improved commitment and sustainable practice in domestic financial institution and enterprises, which are important local partners to attract and deliver BRI investment.

4.4 Enhance Collaboration at both International and Local Level

Both this Green Development Guidance (GDG) and the Green Investment Principles (GIP) are platforms enabling multilateral cooperation. Working closely together, the two can jointly raise the awareness and management capacity of climate and environmental risks in BRI countries, share resources, and bring in key investors, such as the China Development Bank, the AIIB and the Silk Road Fund among others, to set up BRI green development project and green cooperation pilots.

Host countries play a crucial role in accommodating investments in local context. BRI countries can enhance the green project investment and development of local partnerships by leading the setup of information platforms where "green" investment opportunities, requirements and progress are shared to support BRI investors' decision making. Such information sharing could also feature the one-stop service that integrates multiple regulatory, administrative, and environmental resources and local partners often housed in local languages. With these platforms, host countries can also play an active role to ensure local culture, customs and policy requirements are reflected and expressed across project lifecycle, providing helpful references for investors to deliver social responsibilities. These platforms are also valuable for better communication among investors, local authorities and the communities to ensure project-affected stakeholders' participation in addressing environmental issues associated with BRI investment projects.

Annex

Annex 1. Concepts and Definitions

Pollution is defined in accordance the United Nations 2019 resolution that includes air, water, land/soil, marine and coastal pollution, and the crosscutting issues of chemicals and waste.① It is caused by the introduction of harmful materials into the environment.② Air pollution, for example, is understood in line with the World Health Organization (WHO), which sees that particulate matter (PM), ozone (O_3), nitrogen dioxide (NO_2), and Sulphur dioxide (SO_2) contribute to pollution with adverse health effects.③

Climate change shall be defined in accordance with the United Nations Framework Convention on Climate Change (UNFCCC) and Intergovernmental Panel on Climate Change (IPCC) frameworks, where by 2020, human activities are estimated to have caused approximately 1.1 degrees Celsius of global warming above preindustrial levels through economic activity that produces various GHG gases.④ GHG emissions are risking further global temperature increases with negative impacts for livelihoods, the environment, and ecosystems. Seven greenhouse gases are covered by UNFCCC currently—carbon dioxide (CO_2), methane (CH_4), nitrous oxide (N_2O), hydrofluorocarbons (HFCs), perfluorocarbons (PFCs), Sulphur hexafluoride (SF_6), and nitrogen trifluoride (NF_3).

Biodiversity shall be defined in accordance with the Convention on Biological Diversity (CBD). Accordingly, biodiversity means the variability among living

---

① United Nations Environment Assembly of the United Nations Environment Programme, "Implementation Plan 'Towards a Pollution-Free Planet.'"

② National Geographic Society, "Pollution."

③ WHO, "WHO | Ambient Air Pollution : Polluants."

④ IPCC, "Climate Change Widespread, Rapid, and Intensifying – IPCC — IPCC," August 9, 2021, https://www.ipcc.ch/2021/08/09/ar6-wg1-20210809-pr/.

organisms from all sources including, inter alia, terrestrial, marine, and other aquatic ecosystems, and the ecological complexes of which they are a part.① The CBD focuses on the three core objectives: (1) conservation of biological diversity, (2) sustainable use of its components, and (3) fair and equitable sharing of benefits arising out of the use of genetic resources, ② which were formalized through the Aichi Targets of the Convention on Biological Diversity and are negotiated in the Post-2020 Global Biodiversity Framework. Accordingly, "conserving biodiversity, maintaining ecosystem services, and sustainably managing living natural resources" ③ are fundamental to BRI investments.

Significant negative environmental risk potential means a large-scale alteration in environmental conditions—one that imposes permanent, or nearly permanent, changes in those conditions. Significance encompasses the following dimensions:④

- **Extend and spread magnitude of the impact**: for example, does the project have a direct spatial impact on more than the micro-environment directly surrounding the project, or indirect impact through transfer to associated projects and activities, such as up- and down-stream activities?
- **Duration**: for example, are the project's consequences to the environment during all project phases (construction, operation, decommissioning) reversible within a reasonable time?
- **Sensitivity of the affected area**: for example, does the project encroach a protected or non-fragmented area, and/or can the affected habitat be fully reconstituted or sustainably moved elsewhere?
- **Manageability**: for example, will affordable and effective measures avoid or

---

① Convention on Biological Diversity, "Convention Text," Convention on Biological Diversity (Secretariat of the Convention on Biological Diversity, November 2, 2006), https://www.cbd.int/convention/articles/?a=cbd-02.

② Brooks et al., Best Policy Guidance for the Integration of Biodiversity and Ecosystem Services in Standards.

③ IFC, "Performance Standard 6: Biodiversity Conservation and Sustainable Management of Living Natural Resources."

④ Based on study of various Environmental and Social Risk Management (ESRM) frameworks of financial institutions as well as UNDP, "Social and Environmental Screening Procedure."

mitigate potential impacts?

- **Accidents**: for example, does the project have a high risk of environmental consequences (no matter the risk of occurrence), for example, through breakwater, explosion, etc.?
- **Irreversible** means the risk of permanent destruction of wildlife, risk of extinction of species, or risk of permanently altering a pristine environment, particularly when restoration to the status quo is impossible or at best extremely difficult, at least on a relevant timescale.[①] While the concept of "irreversibility is difficult to operationalize," the Precautionary Principle adopted in 1992 by the United Nations shall apply: "Where there are threats of serious or irreversible damage, lack of full scientific certainty shall not be used as a reason for postponing cost-effective measures to prevent environmental degradation."[②]

The concepts for positive contribution and significant environmental risk for the three environmental dimensions are shown in below table.

Table 5-1 Concepts of Positive Environmental Impact and Significant Harm

	Pollution	Climate Change	Biodiversity
Positive contribution	The project contributes to a significant and absolute reduction of pollution compared to the current environment.	The project accelerates the pathway to a net-zero emissions carbon economy in line with the Paris Agreement, while The project does not expand the life cycle of industries or projects that undermine the Paris Agreement. The project does not directly support industries that undermine the Paris Agreement ("enabling technology).	The project contributes to the Convention on Biological Diversity Framework, and/or The project contributes to a higher biological diversity compared to the status quo.

① Cass Sunstein, "Two Concepts of Irreversible Environmental Harm," Working Paper (Chicago: University of Chicago Law School, 2008), https://chicagounbound.uchicago.edu/cgi/viewcontent.cgi?article=1362&context=public_law_and_legal_theory.

② United Nations General Assembly, "Rio Declaration on Environment and Development."

	Pollution	Climate Change	Biodiversity
Significant harm	The project risks significantly worsening the status quo of pollution, where pollution becomes significantly worse with the project compared to the no project scenario.	The project undermines the spirit of the Paris Agreement Directly by having high GHG emissions; or Indirectly by contributing to other projects that significantly undermine the achievement of the Paris Agreement; or By undermining climate change mitigation measures.	The project risks significantly worsening the status quo of biodiversity.

Source: Authors.

Annex 2. Projects and Categories Provided for 6 Key Industries

The list of BRI projects is separated into different *sectors* (e.g., energy, transport, manufacturing). Within each sector, different *project types* are evaluated, such as solar photovoltaic power generation as a project type in the energy sector. For each project type, a specification is provided to delineate the project type (e.g., project type "green rail passenger transport [interurban]" is electrified transport, whereas "passenger rail transport [interurban]" is nonelectrified). Each project type is classified in a ***category*** based on project characteristics (green, yellow, red). Yellow and red projects can apply mitigation and compensation (M/C) measures, as described in the ***specification*** to improve their ***category with M/C***. The ***References*** provides further guidance and the sources of the specifications.

For example, the project category "green rail passenger transport (interurban)" is a red project category, due to the risk of linear infrastructure construction on biodiversity. However, with sufficient environmental management, for example, through the application of IFC Performance Standard 6, this project will be red/green due to the positive contribution to a low-carbon transport system. Meanwhile, "rail passenger transport (interurban)" is a red project category, also due to the risk to biodiversity. Through mitigation and/or compensation, this project will "only" become red/yellow, as it does no significant harm, but does not contribute to a low-carbon transport system (due to the nonelectrified nature of the rail).

Table 5-2 Positive and Negative Lists of BRI Projects

Sector	Project Type	Specification	Category	Category with M/C	References
Infrastructure – Energy					
Renewable energies	Construction and operation of solar photovoltaic (PV) power generation	Solar power facilities: Construction and operation of facilities using solar power to generate electricity, which includes solar photovoltaic power generation and solar thermal power generation facilities. Among them, component products selected for solar photovoltaic power generation facilities should meet the following requirements: The minimum photoelectric conversion efficiency of polycrystalline silicon cells and monocrystalline silicon cells shall not be less than 19% and 21%, respectively; The minimum photoelectric conversion efficiency of polycrystalline silicon cell modules and single crystal silicon battery modules shall not be less than 17% and 17.8%, respectively; The minimum photoelectric conversion efficiency of silicon-based, CIGS, Cadmium telluride photovoltaics (CdTe), and other thin-film battery modules shall not be less than 12%, 14%, 14%, and 12%, respectively; The decay rates of polycrystalline silicon battery modules and monocrystalline silicon battery modules shall not be higher than 2.5% and 3.0%, respectively, in the first year, and not higher than 0.7% per year, and not higher than 20% within the period of 25 years; the attenuation rate of thin-film battery module shall not be more than 5% in the first year, no more than 0.4% per year in the following year, no more than 15% within the period of 25 years.			i.a. CBI, PBOC, EU, SASB

Sector	Project Type	Specification	Category	Category with M/C	References
Renewable energies	Construction and operation of hydroelectric power generation facilities	Specify carbon emission due to flooding (e.g., based on CBI: power density >5W/M_2, estimated reservoir emission intensity <100g CO_2e/kWh). Mitigation measure: Application of internationally relevant hydroelectric power EHS standards for mitigation hierarchy of environmental damage (e.g., IFC 2015 Hydroelectric Power Standard).			i.a. CBI, PBOC, EU, SASB
	Construction and operation of wind power generation	Specify bird migratory areas, design standards, GB/ISO, or other local relevant standards.			i.a. CBI, PBOC, EU, SASB
	Construction and operation of geothermal power generation	Specific to engineering construction, operation, and maintenance (EU SPECIFICATION with no fugitive emissions of GHG); facilities of geothermal energy exploitation: construction and operation of building heating and cooling facilities using heat pumps and other technologies to extract shallow geothermal energy (including rock and soil heat sources, groundwater heat sources, surface water heat sources, etc.); use of medium and high temperature geothermal heat, medium and low temperature geothermal heat, dry heat rock, and other geothermal resources; construction and operation of power generation facilities.			i.a. CBI, PBOC, EU, SASB
Fossil fuels	Construction and operation of coal-fired power production				i.a. CBI, PBOC, EU, SASB

Sector	Project Type	Specification	Category	Category with M/C	References
Fossil fuels	Retrofitting of existing coal-fired power plants	Technology enabling life extension of coal-fired power plant			i.a. CBI, PBOC, EU, SASB
	Construction and operation of gas-fired power plant and associated facilities, such as transmission and storage	Gas-fired energy can only be seen as a transition technology if no other forms of baseline energy supply is available due to its relatively high carbon emissions. Mitigation measure: Application of CCUS to reach less than 100g CO_2/kWh			i.a. CBI, PBOC, EU, SASB
Electric grids	Construction and operation of mini-and micro-grids	If enabling technology is connected to green energy sources as specified in the catalogue and not connected to fossil-fuel generation backups, the comprehensive energy efficiency of the equipment should be greater than or equal to 70%. The construction and operation of multi-energy complementary system increases the capacity of the regional power grid to accept intermittent renewable energy such as wind and solar. The system waste rate of wind power should be controlled within 5%, and of solar power, within 3%			i.a. CBI, PBOC, EU, SASB
Infrastructure – Waste					
Waste-to-energy	Construction and operation of waste-to-energy infrastructure	Including pollution control			i.a. CBI, PBOC, EU, SASB
Infrastructure – Transportation					
Passenger transport	Construction and maintenance of green passenger rail transport (interurban)	Electrified or existing plan to implement electrification within 5 years, then green Mitigation measure: Strict protection of biodiversity and minimization of impacts on biodiversity (e.g., IFC PS6)			i.a. CBI, PBOC, EU, SASB, IFC, GIZ, UNDP, ISO14040 and ISO140 44

Sector	Project Type	Specification	Category	Category with M/C	References
Passenger transport	Construction and maintenance of passenger rail transport (interurban)	Nonelectric and with emission above 50g CO_2/passenger km (average) Mitigation measure: Strict protection of biodiversity and minimization of impacts on biodiversity (e.g., IFC PS6)			i.a. CBI, PBOC, EU, SASB, IFC, GIZ, UNDP, ISO14040 and 44
	Construction and maintenance of public (urban) transport	E.g., subways, MRT, BRT, dedicated bus lanes			i.a. CBI, PBOC, EU, SASB, IFC, GIZ, UNDP, ISO14040 and 44
Land-based freight transport	Construction and maintenance of freight rail transport infrastructure	Not used for transportation of fossil fuels, electrified or existing plan to implement electrification within 5 years Mitigation measure: Strict protection of biodiversity and minimization of impacts on biodiversity (e.g., IFC PS6)			i.a. CBI, PBOC, EU, SASB, IFC, GIZ, UNDP, ISO14040 and 44
	Construction and operation freight rail for fossil fuels	Only as replacement of already existing transport of fossil fuels by road, only for facilities existing prior to 2020. Mitigation measure: Strict protection of biodiversity and minimization of impacts on biodiversity (e.g., IFC PS6)			i.a. CBI, PBOC, EU, SASB, IFC, GIZ, UNDP
	Urban freight transport services by road	If transport vehicle fuel standard is lower than EUR/CHINA IV (or similar local applicable one)			i.a. CBI, PBOC, EU, SASB, IFC, GIZ, UNDP
	Good practice urban freight transport services by road	If transport vehicle fuel standard higher than EUR/CHINA IV (or similar local applicable one)			i.a. CBI, PBOC, EU, SASB, IFC, GIZ, UNDP
	Green Urban Freight transport services by road	If transport vehicle fuel standard higher than EUR/China VI or electric vehicles			i.a. CBI, PBOC, EU, SASB, IFC, GIZ, UNDP

Sector	Project Type	Specification	Category	Category with M/C	References
Land-based freight transport	Construction and operation of infrastructure and systems for electrification of passenger road transport, both public and private transport	More than 50% of electricity for electrification of passenger transport must come from green electricity sources, with a clear timeline for 100% green electricity.			i.a. CBI, PBOC, EU, SASB, IFC, GIZ, UNDP
Ports and water-based freight transport	Ports and adjoining facilities with services dedicated for fossil fuel transport, storage				i.a. CBI, PBOC, EU, SASB, IFC, GIZ, UNDP
	Ports and adjoining facilities without services dedicated for fossil fuel transport, storage	Ports with clean fuels, control pollution and minimize harm to marine and costal life, appropriate accident risk management, etc. Mitigation measure: Strict protection of biodiversity and minimization of impacts on biodiversity (e.g., IFC PS6), strict pollution control by minimizing polluting emissions (e.g., In line with International Maritime Organization [IMO]), emission control areas with sulphur content of fuel not exceeding 1% in line with Annex vi of the International Convention for the Prevention of Pollution from Ships); and prevention and emergency measure implementation for oil spills as well as ballast water treatment (MARPOL 73/78 Annexes I-VI).			i.a. CBI, PBOC, EU, SASB, IFC, GIZ, UNDP, IMO, MARPOL

Sector	Project Type	Specification	Category	Category with M/C	References
Ports and water-based freight transport	"Green" port and full port upgrades	"Green" according to international standards in regard to biodiversity conservation, pollution, and emission control as well as environmental risk management (e.g., MARPOL, IMO, UNCLOS; provision of LNG for fueling, onshore-based power supply, mitigation of noise impact.) Mitigation measure: Strict protection of biodiversity and minimization of impacts on biodiversity (e.g., IFC PS6), strict pollution control by minimizing polluting emissions (e.g., in line with International Maritime Organization [IMO) emission control areas with sulphur content of fuel not exceeding 1% in line with Annex vi of the International Convention for the Prevention of Pollution from Ships); and prevention and emergency measure implementation for oil spills as well as ballast water treatment (MARPOL 73/78 Annexes I-VI).			i.a. CBI, PBOC, EU, SASB, IFC, GIZ, UNDP, IMO, MARPOL
Agriculture and land use – Forestry					
Forestry	Rehabilitation, reforestation, afforestation, forest management	Planned and stepwise cessation of cultivation in the cultivated land with serious soil erosion; desertification, salinization, and rocky desertification to protect the ecological environment; grassland and forestry restoration according to local conditions; restoring vegetation and inhibiting the deterioration of the ecological environment; and sustainably managing non-monocultures with focus on local species.			i.a. PBOC, CBIRC, EU

Sector	Project Type	Specification	Category	Category with M/C	References
Forestry	Tree planting and grass, tree seedlings, and flowers for nonindustrial but recreational use	Planned and stepwise cessation of cultivation in the cultivated land with serious soil erosion; desertification, salinization, and rocky desertification to protect the ecological environment; grassland and forestry restoration according to local conditions; restoring vegetation and inhibiting the deterioration of the ecological environment; and sustainability managing non-monocultures with focus on local species			i.a. PBOC, CBIRC, EU
Agriculture and land use – Livestock					
Livestock	Large-scale livestock production and animal husbandry	Risk of liquid waste from livestock (e.g., fecal and urinary waste) and nutrients containing antibiotics, hormones, and pesticides leading to environmental pollution; risk of deforestation and desertification due to clearing for pastures; high water needs; risk or direct emissions from livestock. Mitigation measure: Integrated in wider land use concept to increase environmental beneficial interaction; limits for animal manure per square meter; no tolerance for point source pollutions and no discharge of manure into surface waters; nutrient management plans, etc.			i.a. FAO, UN, IFC
	Green animal husbandry	• No conversion of high-carbon stock land to crop production used to feed livestock • Avoid or reduce GHG emissions (incl. from inputs) through appropriate management practices (e.g., enteric fermentation, management of agricultural soils, manure management) • Reduction in GHG emissions over a period, compared to emissions at the start of that period • Total recycling of waste • Strict management of species invasion • Application of FAO Animal Husbandry Standards, for example, 8378 and related standards			i.a. FAO, EU

Sector	Project Type	Specification	Category	Category with M/C	References
Agriculture and land use – Nature-based solution					
Infrastructure	Planting and management of nature-based solutions, nature climate solutions (e.g., mangroves)	Nature-based solutions (e.g., mangroves) as alternative to grey infrastructure and/or to lower energy use, to protect coastlines, to improve water quality, etc.			i.a. FAO, UN, Paulson Center
Mining and industry – Mining					
Mining	Construction and operation of coal mines	With coal mostly supporting coal-fired power plants, coal mining is considered to extend the life span of coal-fired power plants.			i.a. EU
	Construction and operation of ore mines	Risks include accidents with explosives as well as gases and dust for mineworkers and surrounding environment; heavy metals, acids, and other pollutants that contaminate water resources; land use change and long-term effects of erosion or chemical contamination and leaking containment ponds. Mitigation measure: Application of international best practice sustainable mining standards, for example, IFC EHS Guidelines for Mining.			i.a. EU, IFC
Mining and industry – Manufacturing					
Chemicals and pharmaceuticals	Construction and operation of chemical and pharmaceutical industry facilities and equipment	Wastewater and liquid waste may contain toxic substances presenting a risk to water and surrounding environment; disaster risks in chemical plants include fires, explosions, and accidental release of toxic chemicals into the environment. Mitigation measure: Application of international best practices (e.g., IFC, GB, ISO), for example, IFC EHS for Pharmaceuticals and Biotechnology Manufacturing			i.a. IFC, SASB, EU

Sector	Project Type	Specification	Category	Category with M/C	References
Petrochemicals	Construction and operation of petrochemical industry facilities and equipment	Risk of toxic and nontoxic waste during extraction, refinement, and transportation; risk of harmful industry by-products, such as volatile organic compounds, nitrogen/sulfur compounds; risk of oil spills harming air, water, and soil; high energy use. Mitigation measure: Application of best practices, for example, IFC EHS Guidelines for Large Volume Petroleum-Based Organic Chemicals Manufacturing; Petroleum Refining and EU Road Map Document for a Sustainable Chemical Industry, in addition to GB.			i.a. IFC, EU, SASB
Paper and pulp	Construction and operation of paper and pulp production facilities and equipment	Risk of high energy consumption for pulping and bleaching; effluents from paper mills may contain toxic and nontoxic substances with negative impacts on water quality; emissions to air can impact surrounding areas. Mitigation measure: Application of best practices, for example, IFC EHS Guidelines for Pulp and Paper Mills.			i.a. IFC; SASB,
Iron and steel	Construction and operation of iron and steel production infrastructure and equipment	High energy needs, wastewater may contain heavy metals and oils, waste from metal production includes furnace slag—possibly in huge quantities; exhaust gases from furnaces and smelters may risk long-term contamination and poisoning. Mitigation measure: Application of best practices, for example, IFC EHS Guidelines for Integrated Steel Mills and offsets for emissions			i.a. SASB, IFC

Sector	Project Type	Specification	Category	Category with M/C	References
Cement	Construction and operation of cement production infrastructure and equipment	High energy needs and heat emission from production in addition to dusts and fumes from combustion, in addition to environmental risks from extraction of raw materials. Mitigation measure: Application of best practices IFC EHS Guidelines for Cement and Lime Manufacturing and offsets for emissions.			i.a. IFC, SASB, EU
Textile	Construction and operation of textile production infrastructure and equipment	Wastewater and liquid waste may contain toxic substances presenting a risk to water and surrounding environment; high amounts of water essential with risks to air-borne emissions. Mitigation measure: Application of best practices, for example, IFC EHS on Textiles Manufacturing or IFC EHS on Tanning and Leather Finishing.			i.a. IFC
Automotive	Construction and operation of automotive and car parts production facilities	High resource use; high energy use in production; high chemical use in conventional lacquering. Mitigation measure: Application of sustainable practices including water-based lacquers; high percentage of recycling and careful disposal of hazardous waste; offset of emissions.			i.a. VDA
Electronics	Construction and operation of electronics production facilities	Wastewater and liquid waste may contain toxic substances presenting a risk to water and surrounding environment. Mitigation measure: Application of IFC ESH guidelines for semiconductors/other electronics manufacturing including recycling of waste combined with well-managed hazardous waste disposal, including oil and greases, solvents, and degreasing fluids, sludges from electroplating and wastewater treatment, insulating oil containing PCBs to improve efficiency and minimize environmental impacts.			i.a. IFC, SASB

Sector	Project Type	Specification	Category	Category with M/C	References
Industrial parks	Construction and operation of good practice industrial park	Mitigation measure: Strict management of waste, energy efficiency in accordance with local best practices.			i.a. UNIDO
	Construction and operation of green or eco-industrial park (EIP)	Majority of electricity is green with a clear pathway for 100% renewable and full carbon offset for non-green energy; recycling of waste, wastewater, etc.			i.a. UNDIO, ADB, GEIPP

Annex 3. Sectoral and Thematic Tools for Impact Evaluation

Category	Issuer/Source
Cross-cutting	WRI: Resource watch Swiss Development Corporation: Climate, Environment and Disaster Risk Reduction Integration Guidance SASB: SASB Good practice standards CCAFS: Global Circulation Model GCM) Downscaled Data Portal International Association for Impact Assessment: Social Impact Assessment Guidelines GIIN: IRIS (impact reporting metrics) GIZ: Climate Finance Training for Sector Experts (CliFiT4SE) World Bank Safeguard Policies / New Environmental and Social Framework World Bank Group Environmental, Health and Safety Guidelines (EHS Guidelines)
Climate mitigation/adaptation	Climate Bonds Initiative: Climate Bonds Taxonomy and Certification Portfolio Transition Initiative (PTI): Paris Agreement Capital Transition Assessment World Bank Climate Change Knowledge Portal USAID Climate Risk Screening and Management Tools EU Climate Adapt: GRaBS Assessment Tool African Development Bank Climate screening and adaptation review and evaluation procedures IRI Climate Data Library Climate Action in Megacities: C40 Cities Baseline and Opportunities WRI/WBCSD: Greenhouse Gas Protocol Cross Sector Tools, Sector Specific Tools, Additional Guidance Documents and Customized Calculation Tools CDP: Company disclosure tracker
Infrastructure	Harvard University: Envision rating system, Global Infrastructure Basel Foundation (GIB): SuRe - Standard for Sustainable and Resilient Infrastructure Sustainable Infrastructure Foundation (SIF) SOURCE IISD: Sustainable Asset Valuation (SAVi) tool China International Contractors Association: Guidelines for Chinese enterprises on overseas sustainable infrastructure projects

Category	Issuer/Source
Agriculture, Forestry, biodiversity and land-use	FAO: Climate risk assessment and management in agriculture FAO: GAEZ Agri tool data portal FAO: FAOSTAT UNFI: Natural Capital Protocol Toolkit/ Finance Sector Supplement ITC: ITC Standards Map ISEAL Alliance Climate and Community & Biodiversity Alliance: Forest Stewardship Council (FSC): Programme for the Endorsement of Forest Certification Sustainable Forestry Initiative IPBES: The Nature Value Explorer Forest Information System for Europe World Bank Terrestrial Biodiversity Database Natural Capital Finance Alliance (NCFA): ENCORE (Exploring Natural Capital Opportunities, Risks and Exposure) EU REDD Facility/CPI: Land-use Finance Toolbox CBI: Climate Bonds Agriculture Standard CBI: Climate Bonds Forestry Standard
Energy	UNEP FI: Energy Efficiency Finance Platform WRI: Energy Access Explorer WCD: World Commission on Dams Report (2000) Hydropower Sustainability Assessment Protocol (HSAP) RSAT (Rapid Basin-wide Hydropower Sustainability Assessment Tool) IFC Hydroelectric Power: A Guide for Developers and Investors World Bank Hydro resilience tool World Bank Global Wind Atlas World Bank Global Solar Atlas International Renewable Energy Agency (IRENA): Sustainable Energy Market Place International Renewable Energy Agency (IRENA): Global Atlas 3.0 for Renewable Energy CBI: Climate Bonds Hydropower Standard CBI: Climate Bonds Wind, Solar and Geothermal Standard
Water and water infrastructure	WWF Water risk filter WRI Aqueduct atlas WBCSD Water tool CBI: Climate Bonds Water Infrastructure Standard

参考文献

“一带一路”绿色发展国际联盟. “一带一路”项目绿色发展指南基线研究报告[R/OL].（2020-12-01）[2021-06-20]. http://www.brigc.net/zcyj/bgxz/2020/202011/P020210202119901912108.pdf.

亚洲开发银行. 南亚次区域经济合作电力系统扩建项目环境影响评估报告[R/OL].（2014-02）[2021-06-20]. https://www.adb.org/projects/documents/sasec-power-system-expansion-project-eia.

亚洲开发银行. 推动气候融资：山东绿色发展基金的经验教训[R/OL].（2021-03）[2021-06-25]. https://think-asia.org/handle/11540/13475.

非洲发展银行. 独立审查机制——2020 年年度报告[R/OL].（2021-05-25）[2021-06-26]. https://www.afdb.org/en/documents/independent-review-mechanism-2020-annual-report.

亚洲开发银行. 问责机制快报[R/OL].（2021-08-12）[2021-08-29]. https://www.adb.org/who-we-are/accountability-mechanism/problem-solving-function/fast-facts.

博鳌亚洲论坛.《亚洲经济前景及一体化进程》2021 年度报告[M]. 北京：对外经济贸易大学出版社，2021.

欧洲投资银行. 尼泊尔电力系统扩建项目（SG/E/2018/39）申诉结论报告[R/OL].（2021-05-25）[2021-06-26]. https://www.eib.org/en/about/accountability/complaints/cases/nepal-power-system-expansion1-sg-e-2018-39.

European Investment Bank. 申诉机制 2020 年度报告[R/OL].（2021-07-28）[2021-08-03]. https://www.eib.org/en/publications/complaints-mechanism-annual-report-2020.htm.

国际金融公司. 水力发电：开发商和投资者指南[R/OL].（2015-02）[2021-08-03]. https://www.ifc.org/wps/wcm/connect/906fa13c-2f47-4476-9476-75320e08e5f3/Hydropower_Report.pdf? MOD=AJPERES&CVID=kJQl35z.

能源经济和金融分析研究所. 金融业正在逐渐从火力发电中撤资[DB/OL].[2021-08-03]. https://ieefa.org/finance-leaving-thermal-coal/.

商务部. 2020 年我国企业对“一带一路”沿线非金融类直接投资 177.9 亿美元[EB/OL].（2021-02-19）[2021-08-03]. http://fec.mofcom.gov.cn/article/fwydyl/zgzx/202102/20210203039372.shtml#:~:text=%E5%AF%B9%E2%80%9C%E4%B8%80%E5%B8%A6%E4%B8%80%E8%B7%AF%E2%80%9D%E6%B2%BF%E7%BA%BF%E5%9B%BD%E5%AE%B6,%E7%9A%8455.4%25%E5%92%8C58.4%25%E3%80%82.

保尔森基金会．中国海外投资环境风险快速筛查工具（ERST）[EB/OL].[2021-08-03]. https://www.paulsoninstitute.org/conservation/responsible-trade/promotion-of-environmental-risk-screening-tool-erst-for-chinas-overseas-investment/.

中国人民银行，发展改革委，证监会．绿色债券支持项目目录（2021 年版）[EB/OL].（2021-04-22）[2021-08-04]. http://www.pbc.gov.cn/goutongjiaoliu/113456/113469/4236341/2021042115215612655.pdf.

赤道原则协会．赤道原则（第四版）[EB/OL].（2020-07）[2021-08-04] https://equator-principles.com/wp-content/uploads/2020/01/The-Equator-Principles-July-2020.pdf.

Reclaim Finance，Urgewald．如何退出煤炭：煤炭淘汰计划的 10 个标准[DB/OL]. [2021-09-20]. https://coalpolicytool.org/.

UNDP．项目社会和环境筛选流程[EB/OL].（2021-01-01）[2021-09-20]. https://www-dev.undp.org/publications/undps-social-and-environmental-screening-procedure-sesp?utm_source=EN&utm_medium=GSR&utm_content=US_UNDP_PaidSearch_Brand_English&utm_campaign=CENTRAL&c_src=CENTRAL&c_src2=GSR&gclid=Cj0KCQjwidSWBhDdARIsAIoTVb0eyuh7vKI95Y-CoLmEpt0MR02iMuAGZtuTLbx-if7rUDR4Wk4fQPsaAlV2EALw_wcB.

世界银行．为银行资助的项目设计有效的申诉补救机制：第二部分：申诉补救的实践[R/OL][2021-09-20]. https://documents1.worldbank.org/curated/en/658351468316439488/pdf/639100v20BRI0F00Box0361531B0PUBLIC0.pdf.

世界银行．监督小组 2019—2020 年度报告[R/OL].（2021-09-19）[2021-09-20]. https://www.inspectionpanel.org/sites/www.inspectionpanel.org/files/publications/annual-report-2019-2020.pdf.

Reference

BRI International Green Development Coalition (BRIGC). Green Development Guidance for BRI Projects[R/OL]. (2020-12-01)[2021-06-20]. http://www.brigc.net/zcyj/bgxz/2020/202011/P020210202119901912108.pdf.

ADB. South Asia Subregional Economic Cooperation (SASEC) Power System Expansion Project (SPEP) Environmental Impact Assessment[R/OL].(2014-02)[2021-06-20]. https://www.adb.org/projects/documents/sasec-power-system-expansion-project-eia .

ADB. Catalyzing Climate Finance: Lessons Learned from the Shandong Green Development Fund[R/OL]. (2021-03)[2021-06-25]. https://think-asia.org/handle/11540/13475.

African Development Bank. Independent Review Mechanism - 2020 Annual Report[R/OL]. (2021-05-25)[2021-06-26]. https://www.afdb.org/en/documents/independent-review-mechanism-2020-annual-report.

Asian Development Bank. Accountability Mechanism Fast Facts. [R/OL].(2021-08-12)[2021-08-29]. https://www.adb.org/who-we-are/accountability-mechanism/problem-solving-function/fast-facts.

Boao Forum for Asia. Asian Economic Outlook and Integration Progress Annual Report 2021. Beijing: University of International Business and Economics Press.

European Investment Bank. Nepal Power System Expansion Complaint SG/E/2018/39 Conclusion Report[R/OL].(2021-05-25)[2021-06-26]. https://www.eib.org/en/about/accountability/complaints/cases/nepal-power-system-expansion1-sg-e-2018-39.

European Investment Bank. Complaints Mechanism Annual Report 2020[R/OL].(2021-07-28)[2021-08-03]. https://www.eib.org/en/publications/complaints-mechanism-annual-report-2020.htm .

IFC. Hydroelectric Power: A Guide for Developers and Investors[R/OL].(2015-02)[2021-08-03]. https://www.ifc.org/wps/wcm/connect/906fa13c-2f47-4476-9476-75320e08e5f3/Hydropower_Report.pdf?MOD=AJPERES&CVID=kJQl35z.

Institute for Energy Economics and Financial Analysis(IEEFA). Finance is leaving thermal coal[DB/OL].[2021-08-03]. https://ieefa.org/finance-leaving-thermal-coal/.

MOFCOM. In 2020, China's enterprises invested US$17.79 billion in non-financial direct investment along the “Belt and Road”[EB/OL].(2021-02-19)[2021-08-03]. http://fec.mofcom.gov.cn/article/fwydyl/zgzx/202102/20210203039372.shtml#:~:text=%E5%AF%B9%E2%80%9C%E4%B8%80%E5%B8%A6%E4%B8%80%E8%B7%AF%E2%80%9D%E6%B2%BF%E7%BA%BF%

E5%9B%BD%E5%AE%B6,%E7%9A%8455.4%25%E5%92%8C58.4%25%E3%80%82.

Paulson Institute. Promotion of Environmental Risk Screening Tool (ERST) for China's Overseas Investment[EB/OL].[2021-08-03]. https://www.paulsoninstitute.org/conservation/responsible-trade/promotion-of-environmental-risk-screening-tool-erst-for-chinas-overseas-investment/.

PBOC, CSRC, NDRC. Notice on the Issuance of Green Bond Taxonomy. The State Council of People's Republic of China[EB/OL]. (2021-04-22)[2021-08-04]. http://www.pbc.gov.cn/goutongjiaoliu/113456/113469/4236341/2021042115215612655.pdf.

Principles, T. E. The Equator Principles EP4[EB/OL].(2020-07)[2021-08-04] https://equator-principles.com/wp-content/uploads/2020/01/The-Equator-Principles-July-2020.pdf.

Reclaim Finance, Urgewald. How to Exit Coal: 10 criteria for coal phase-out plans[DB/OL].[2021-09-20]. https://coalpolicytool.org/.

UNDP. Social and Environmental Screening Procedure[EB/OL].(2021-01-01)[2021-09-20]. https://www-dev.undp.org/publications/undps-social-and-environmental-screening-procedure-sesp?utm_source=EN&utm_medium=GSR&utm_content=US_UNDP_PaidSearch_Brand_English&utm_campaign=CENTRAL&c_src=CENTRAL&c_src2=GSR&gclid=Cj0KCQjwidSWBhDdARIsAIoTVb0eyuh7vKI95Y-CoLmEpt0MR02iMuAGZtuTLbx-if7rUDR4Wk4fQPsaAlV2EALw_wcB.

World Bank. How-To Notes Feedback Matters: Designing Effective Grievance Redress Mechanisms for Bank-Financed Projects, Part 2: The Practice of Grievance Redress[R/OL][2021-09-20]. https://documents1.worldbank.org/curated/en/658351468316439488/pdf/639100v20BRI0F00Box0361531B0PUBLIC0.pdf.

World Bank. The Inspection Panel Annual Report FY2019-2020[R/OL].(2021-09-19)[2021-09-20]. https://www.inspectionpanel.org/sites/www.inspectionpanel.org/files/publications/annual-report-2019-2020.pdf.